MÉMOIRE

SUR

LES TERRAINS DE SÉDIMENT

SUPÉRIEURS

CALCARÉO-TRAPPÉENS DU VICENTIN.

DE L'IMPRIMERIE DE L.-T. CELLOT,
RUE DU COLOMBIER, N° 30.

MÉMOIRE

SUR

LES TERRAINS DE SÉDIMENT

SUPÉRIEURS

CALCARÉO-TRAPPÉENS DU VICENTIN,

ET SUR QUELQUES TERRAINS D'ITALIE, DE FRANCE. D'ALLEMAGNE, etc.,
QUI PEUVENT SE RAPPORTER A LA MÊME ÉPOQUE,

Par Alexandre BRONGNIART,

MEMBRE DE L'ACADÉMIE ROYALE DES SCIENCES, INGÉNIEUR EN CHEF AU CORPS ROYAL
DES MINES, PROFESSEUR DE MINÉRALOGIE AU JARDIN DU ROI, etc., etc.

AVEC SIX PLANCHES.

A PARIS,

CHEZ F. G. LEVRAULT, LIBRAIRE,

RUE DES FOSSÉS-MONSIEUR-LE-PRINCE, N° 33.

M. DCCC. XXIII.

INTRODUCTION.

J'ai cru devoir rassembler dans le Mémoire que je soumets aux naturalistes, des faits, des observations, des conséquences, et quelques réflexions
qui m'ont paru propres, sinon à compléter, au moins à faire mieux connaître l'histoire d'une classe de terrains presque inconnue il y a vingt ans, et
dont je me suis plus particulièrement occupé. Ces terrains, qu'on prenait alors
pour des dépôts d'alluvions, qu'on a ensuite nommés tert'aires, et qu'on a
regardés pendant long-temps comme des dépôts locaux, ont été depuis quelques années reconnus dans presque toutes les contrées de la terre. Nous
avons cherché à donner une idée de leur étendue, de leur puissance et de
la constance de leurs caractères dans la nouvelle édition de la *Déscription
géologique des environs de Paris,* que nous avons publiée, M. Cuvier et moi,
en avril 1822.

Mais diverses contrées remarquables par les grands traits géologiques
qu'elles présentent à l'observateur, renferment certains terrains que j'ai cru
pouvoir rapporter à la même époque de formation que celle du bassin de
Paris, à celle que j'ai désignée sous le nom de *terrains de sédiment supérieurs,*
et qui s'étend depuis la craie exclusivement jusqu'à la surface actuelle de la
terre.

Dans ces contrées, les caractères qu'on est habitué à attribuer aux terrains
dont il s'agit, sont en partie, ou même entièrement masqués par des circonstances ou des particularités tout-à-fait étranges.

Plusieurs de ces terrains sont enveloppés et modifiés par des roches volcaniques, qui y ont introduit un désordre tel qu'on doit l'attendre d'une semblable
cause perturbatrice ; d'autres, adossés contre des montagnes calcaires et mêlés
avec leurs débris, présentent les roches et les minéraux des terrains les plus
anciens, mêlés aux roches et aux minéraux des terrains d'une époque aussi
nouvelle que ceux des environs de Paris. D'autres élevés jusque dans la région
des glaces éternelles, y ont été portés par la même cause qui a soulevé les
montagnes Alpines sur lesquelles ils reposent. Ou bien, si ce ne sont pas ces
terrains eux-mêmes, ils ont alors dans ces hautes régions, et au milieu des
roches primordiales, des congénères si semblables, que cette similitude devait

fixer notre attention et méritait d'être décrite et appréciée comme un des faits les plus curieux de la géologie. Il a fallu les reconnaître sous ces différentes marques, il a fallu faire voir quels sont les caractères essentiels qu'ils y conservent, prouver que la valeur des caractères d'analogie est beaucoup plus grande que les différences introduites par les circonstances qui les ont modifiés, et prouver par conséquent, ou au moins faire puissamment présumer au moyen de ces comparaisons, que ces terrains peuvent être considérés comme déposés à peu près dans la même période géologique que ceux des environs de Paris.

Si ces résultats sont admis, et ils le sont déjà pour un grand nombre des lieux examinés dans ce Mémoire, ils étendront considérablement l'histoire et l'importance des terrains de sédiment supérieurs, en associant à cette formation un grand nombre de terrains très-éloignés les uns des autres, et très-différens par leur forme, leur aspect, et leur composition minéralogique.

Ils nous montreront les deux divisions de ces terrains dans des positions qui n'ont aucun rapport avec leur ordre de superposition. Ainsi, nous verrons les terrains marins les plus nouveaux, ceux qui sont supérieurs au gypse à ossemens, presque au niveau des plaines les plus basses (Banyul des Aspres); nous verrons les terrains marins antérieurs aux gypses, et par conséquent inférieurs aux précédens, sur les points les plus élevés des Alpes. Nous les trouverons tantôt accompagnés des produits des eaux douces et liés avec les dépôts de ces eaux (Mayence), tantôt au milieu des basaltes, des spilites (variolites) et des autres roches encore plus évidemment produites par le feu (Montecchio-Maggiore).

Nous avons cherché à faire voir que la surface du dernier monde, de celui qui a précédé immédiatement la grande révolution géologique d'où nos continens actuels sont sortis, devait présenter après cette catastrophe les mêmes phénomènes de mélanges marins, volcaniques et lacustres, de position très-basse et très-élevée que le monde actuel offrirait probablement, si d'une part la mer s'abaissait de deux à trois mille mètres, et si de l'autre les couches de son fond ou celles de nos plaines s'élevaient à peu près de la même quantité.

Ces phénomènes nous paraissent gigantesques quand nous les mesurons à l'échelle de notre grandeur et de nos moyens : ils sont cependant tellement petits, par rapport aux dimensions du globe terrestre, qu'il ne serait pas possible d'en indiquer nettement les résultats sur un modèle de ce globe qui n'aurait que deux mètres de diamètre ; car l'addition de ces deux résultats opposés n'aurait pas sur ce globe de deux mètres, un millimètre de dimension ; ainsi , le plus léger froissement fait au vernis d'un pareil globe , une écaille de ce vernis enlevée ou soulevée représenterait des phénomènes encore plus gigantesques, et qui porteraient nos terrains des environs de Paris à une bien plus grande élévation que ceux qui sont sur les montagnes des Diablerets ou du Glarnisch.

N'apprécions donc plus les phénomènes géologiques en mètres de hauteur et en mètres d'étendue, toutes mesures dérivées de notre module, et que nous sommes obligés de multiplier par des nombres qui nous paraissent prodigieux , et qui le seraient encore bien davantage si nous n'avions que le dixième de notre taille. Mesurons les phénomènes géologiques avec une échelle géologique , et au lieu de dire que le sommet des Diablerets, inaccessible et couvert de glaces éternelles , est à trois mille mètres au-dessus du niveau de la mer , disons qu'il forme sur la surface du globe une petite ride dont l'épaisseur n'est pas la deux millième partie du rayon de la terre , et alors la position des terrains tertiaires vers le sommet des Alpes, c'est-à-dire sur la crête de cette ride , ne nous étonnera plus autant.

Je ne crains pas de diminuer par ces rapprochemens l'intérêt et la majesté des phénomènes géologiques ; car la grandeur et l'importance des phénomènes de la nature ne se mesurent pas sur celles des corps où ils se présentent ; et comme on l'a dit si souvent, comme on s'en convainc de plus en plus, la structure et les phénomènes vitaux d'un ciron sont aussi majestueux, aussi compliqués , aussi féconds en grands résultats que ceux qu'on peut observer dans les plus grands animaux. J'ai eu seulement pour objet de rappeler ce que les géologues savent bien , mais ce qu'ils oublient presque toujours lorsqu'ils sont obligés soit de lever les yeux très-haut pour voir le sommet d'une montagne, soit de gravir avec peine pendant un jour pour l'atteindre, c'est que cette haute montagne ne forme pas à la surface du globe une saillie de plus de la deux millième partie de son diamètre ; c'est que la moindre soufflure qui s'élève sur le bain de verre des plus grands creusets de verrerie, forme une saillie comparativement bien plus considérable ; et que si les forces et les moyens sont proportionnels au volume, il n'a pas fallu proportionnellement autant d'efforts dans le sein de la terre pour soulever les Alpes, qu'il en faut au gaz renfermé dans le verre pour former une soufflure à sa surface.

Je ne prétends pas expliquer par cette considération comment les Alpes ont été portées à l'élévation où elles sont par rapport au niveau de la mer. Les causes qui ont produit cet effet sont encore trop obscures, trop incertaines pour que nous soyons arrivés à l'époque où il pourra être permis de les présumer, et d'appuyer ces présomptions sur des faits et des raisonnemens qui leur donnent ce degré de vraisemblance sans lequel elles ne sont que de vains systèmes ; j'ai désiré seulement mettre en garde contre l'influence de cette élévation, et réduire à sa juste valeur l'objection qu'on pourrait en tirer contre l'existence des terrains tertiaires vers le sommet des Alpes.

TABLE DES MATIÈRES

TRAITÉES DANS CE MÉMOIRE.

FIN DE LA TABLE.

PREMIÈRE PARTIE.

SUR LES TERRAINS DE SÉDIMENT SUPÉRIEURS CALCARÉO-TRAPPÉENS DU VICENTIN (1).

————

LA géognosie, cette science assez nouvelle, qui a pour objet la connaissance de la structure de la terre, aura atteint l'un de ses buts, si, après avoir établi l'ordre de succession des principaux groupes de roches qui composent la partie superficielle du globe, elle parvient à donner des règles sûres pour rapporter à chacun de ces groupes, et même à chacune de leurs principales divisions, tous les gîtes remarquables de minéraux ou de pétrifications, lorsqu'il n'y en aura plus d'isolés et qu'on ne puisse lier plus ou moins médiatement à l'une de ces époques distinctes de formation.

On sent que la première condition à remplir est de bien déterminer ces formations, d'en assigner exactement les caractères et les limites, et qu'on ne pourra procéder à y rapporter avec certitude les roches, minéraux et pétrifications qui composent l'écorce de la terre, que quand cette détermination sera clairement fixée et généralement admise.

Tout ce que l'on fera jusque-là ne sera que des essais, mais ces essais sont indispensables pour atteindre ce but; car il est encore trop éloigné, la route qui y conduit est trop embarrassée, trop obscure, elle présente des embranchemens trop nombreux, pour qu'on puisse espérer y arriver en ligne directe et d'une seule course.

Le voyage que j'ai fait en Italie en 1820 m'a fourni quelques observations dont les résultats m'ont paru propres à être employés pour déterminer la liaison de certaines formations ou roches avec des groupes de terrains déjà assez bien déterminés; elles m'ont conduit à reconnaître entre des terrains très-éloignés les uns des autres, des rapports ou liaisons que je n'avais encore qu'entrevus, ou même que je ne soupçonnais pas.

J'annoncerai ces résultats avec toute la réserve qu'y doit mettre un voyageur qui n'a vu qu'une seule fois les lieux dont il parle. Je n'aurais peut-être pas osé les publier, si, en géologie, des exemples d'un même terrain vus une seule fois dans plusieurs lieux différens ne pouvaient souvent conduire à des résultats généraux aussi et même plus certains que le même terrain examiné un grand nombre de fois dans le même lieu.

J'examinerai dans cette première partie à laquelle des *formations* ou terrains re-

————

(1) Lue à l'Académie royale des Sciences, le 3 juillet 1821.

Plusieurs passages de ce Mémoire ont été insérés, par extrait, dans la *Description géologique des environs de Paris*, édition de 1822, page 188 et suivantes; et quelques coquilles de la planche VI du présent travail ont été citées à l'article des *Terrains de Mayence*, page 196.

1

connus, dont j'ai présenté le tableau dans mon Mémoire sur le gisement des serpentines, peuvent être rapportés les terrains calcaréo-trappéens du pied des Alpes lombardes, terrains remarquables par le grand nombre de corps marins fossiles qu'ils renferment, et par l'association intime et fréquente de roches d'origine marine et de roches d'origine ignée.

ARTICLE PREMIER.

Description de quelques terrains calcaréo-trappéens.

Il existe dans plusieurs lieux, mais principalement en Italie, sur le penchant méridional et vers la base des Alpes du côté de la Lombardie, et même vers le milieu de cette grande vallée (dans les monts Berici), des terrains formant des collines assez élevées, composées de roches noirâtres ou verdâtres, tantôt homogènes et d'apparence basaltique, tantôt hétérogènes et formées à la manière des agrégats grossiers qu'on nomme *brèches*, présentant dans leur aspect, dans la disposition et dans la nature de leurs parties, un grand nombre de caractères qu'on attribue aux terrains volcaniques anciens, ou *terrains trappéens*. Ces roches sont accompagnées de lits de pierres calcaires de textures diverses, renfermant souvent de nombreux débris de corps organisés marins (coquilles et poissons), et quelquefois de végétaux comme charbonnés; elles alternent plusieurs fois avec ces lits calcaires, ou leur sont mêlées sans ordre et sous toutes sortes de formes.

Je désignerai ces terrains sous le nom de *calcaréo-trappéens.*

Le mont Bolca, célèbre par ses poissons fossiles; le val de Ronca, par ses innombrables coquilles; Montecchio Maggiore, par ses coquilles, sa strontiane et ses minéraux nombreux et variés, etc., etc., appartiennent à ces terrains.

La plupart des voyageurs en ont parlé; tous les géologues les ont remarqués, plusieurs les ont décrits; mais tous les ont envisagés d'une manière isolée. Aucun, à ma connaissance du moins, n'est encore arrivé à les rapporter d'une manière précise à l'une des formations ou terrains dont j'ai présenté le tableau : c'est donc ce que je vais essayer de faire (1). Je décrirai d'abord ceux de ces gîtes que j'ai visités; ils serviront d'exemple et comme de module pour y rapporter d'autres lieux que je n'ai pas vus,

(1) J'en excepte M. Buckland, qui, ayant visité ces mêmes lieux dans la même année que moi, en a pris la même idée. A son retour à Paris, en octobre 1820, nous avons parlé de ce sujet, en examinant dans mon cabinet, avec MM. de Humboldt et Beudant, les échantillons que j'avais rapportés; j'ai été flatté de trouver ma manière de voir conforme à celle que M. Buckland avait prise sur les lieux. Nous avons pensé qu'en communiquant nos observations chacun de notre côté, lui à la société géologique de Londres et moi à l'académie royale des sciences, nous leur donnerions plus d'intérêt et de certitude. M. Buckland vient d'insérer le résultat général de ses observations sur ces terrains dans les *Annals of philosophy* de juin 1821. Il y a joint un tableau très-curieux des analogies des divers terrains du continent avec ceux de l'Angleterre, et a établi des rapprochemens sur lesquels j'ai depuis long-temps la même manière de voir que lui; mais comme ils étaient contestés par des géologues d'une grande célébrité, j'avois toujours hésité à les publier; à présent que je vois mon opinion partagée par un observateur aussi exact et aussi judicieux que M. Buckland, je n'hésite plus à admettre définitivement ces rapprochemens, et je les publierai dans la suite de ces Mémoires, appuyés des faits qui m'avoient semblé propres à les établir.

mais qui, d'après les descriptions que j'en connais, et les échantillons qu'on m'a donnés, me semblent être de même formation qu'eux.

§ I. *Le Val-Nera.*

Le Val-Nera, observé et décrit par Fortis, qui a donné une figure assez exacte, quoique trop pittoresque, des particularités géologiques qu'il présente, est situé dans la vallée de Chiampo, à deux lieues environ au nord d'Arzignano, gros bourg long-temps habité par ce spirituel et savant naturaliste.

C'est un petit vallon latéral qui s'enfonce dans les collines du bord oriental de cette vallée, et qui se change, à peu de distance de son embouchure, en une espèce de ravin étroit qui aboutit à une colline basaltique assez élevée et à pente roide.

Fortis indique dans ce lieu une alternance distincte, et que la figure qu'il en donnait rend évidente, de treize lits ou couches de calcaire et de matériaux volcaniques.

Il ne s'agissait donc pas de vérifier ou de constater l'alternance, on ne pouvait en douter, mais de déterminer, s'il était possible, à quelle formation appartient le calcaire, et de quelle nature est la roche noire qui lui est interposée.

La formation dans la partie inférieure du vallon, où est située la cascade, est composée uniquement de deux sortes de roches qui alternent quatre fois entre elles.

L'une est un calcaire compacte gris ou jaunâtre, à grains assez fins, mais sans translucidité et sans aucune apparence cristalline, marqué de quelques taches verdâtres.

L'autre est un agrégat d'un brun verdâtre, auquel on donne si improprement le nom de *tuf*, nom qui s'applique à des roches d'une nature et d'une origine qui n'ont avec celle-ci aucun rapport. Cet agrégat, qui présente quelques modifications, est composé de débris anguleux de la grosseur d'un pois au plus, réunis à la manière des roches qu'on appelle *brèches*. Mais ici les fragmens sont généralement trop petits, souvent trop peu distincts pour qu'on puisse désigner cette roche par le même nom que celui qui est appliqué à ces beaux marbres brèches, à fragmens calcaires gros et distincts, et à d'autres roches analogues par le volume et la netteté des fragmens. Je crois devoir en faire une espèce particulière de roche, espèce dont je pourrais citer un grand nombre d'exemples pris sur presque toute la terre, et que je désignerai par le nom de *Brecciole;* j'en exposerai ailleurs les caractères généraux.

Ces deux roches, de nature, de texture et très-probablement aussi d'origine très-différente, renferment des coquilles marines fossiles peu abondantes ici, et que je ferai connaître plus loin.

Le profil, ou plutôt la coupe de cette colline examinée à la cascade, au même lieu où Fortis l'a vue et l'a fait figurer, m'a offert la série de couches suivantes, en partant du lit du torrent pour aller jusqu'au plus haut de l'escarpement.

A. Brecciole de cornéenne, à grains plus ou moins fins, verdâtres, luisans, et dont Pl. I, fig. 2. le toucher est presque onctueux.

1.

a. Calcaire compacte commun, à taches verdâtres, sans corps organisés.

B. Brecciole de cornéenne à gros grains anguleux avec veines de calcaire spathique.

b. Très-petit banc de calcaire grossier, dur, grisâtre, sans corps organisés visibles.

C. Banc mince de Brecciole de cornéenne, semblable à A et à B.

c. Calcaire grossier, dur, grisâtre, avec taches verdâtres, semblable au précédent.

D. Banc très-puissant de Brecciole verdâtre, assez friable, renfermant un grand nombre de Nummulites, et quelques coquilles marines non déterminables.

d. Banc puissant, subdivisé en plusieurs assises de calcaire compacte commun, grisâtre, mêlé de marne grisâtre et de taches verdâtres, et renfermant beaucoup de Nummulites.

E. Banc ou dépôt très-puissant de Brecciole et de brèche de cornéenne, dont les fragmens, moyens ou petits et très-distincts, sont réunis par un ciment de calcaire spathique.

Ces fragmens de Cornéenne ou Vake, d'un brun verdâtre foncé, présentent deux particularités : 1° la pâte de ces fragmens enveloppe une multitude de petits grains ronds de même nature, analogues par leur forme aux Oolites, et par leur couleur et leur nature aux grains ronds qu'on avait comparés à de la chlorite, et qui sont un silicate de fer et d'alumine, disséminés dans les assises inférieures du calcaire grossier ; 2° chaque fragment est entouré d'une écorce d'un rouge tirant sur l'orangé, à texture cristalline fibreuse et à fibres convergentes vers le centre du fragment; cette substance, indissoluble dans les acides, paraît avoir beaucoup de ressemblance avec l'Analcime rougeâtre nommée *Sarcolite:* chaque fragment ainsi entouré est en outre lié avec les autres par un ciment général de calcaire spathique blanchâtre.

Les fragmens paraissent donc avoir eu une action chimique sur la dissolution qui les enveloppoit, et avoir contribué par cette action à la composition et à la précipitation de l'Anacime. C'est un fait d'autant plus curieux pour la minéralogie chimique, que c'est ici un minéral déjà formé, qui semble avoir agi sur la dissolution qui l'entourait.

Cette roche E forme non-seulement les bords élevés et verticaux de la gorge étroite au fond de laquelle coule le torrent du Val-Nera, dont on voit la chute en cascade en *d, c, a,* etc. ; mais elle compose la masse considérable des collines latérales.

Le fond du torrent est encombré des blocs détachés de cette roche, qui, malgré son apparence friable et presque désagrégée, a encore assez de solidité.

Outre les petits fragmens de cornéenne qui en forment la masse principale, on y a observé, disséminés çà et là, de nombreux morceaux arrondis, les uns de calcaire compacte fin, sublamellaire dans quelques points, et les autres de calcaire compacte commun, ayant l'apparence de la craie dure (*e c*) ; mais nous n'y avons vu aucun débris de corps organisés, soit marins soit terrestres.

Cette roche hétérogène ne l'est pas également dans toute sa puissance ; elle présente au contraire des zones ou assises parallèles, mais se fondant l'une dans l'autre, d'une Brecciole très-dictincte par la finesse et même par la couleur dominante des grains anguleux qui la composent.

En remontant cette gorge profonde, le nombre des fragmens noirâtres compactes et basaltiques accumulés dans le fond du ravin et engagés dans la Brecciole devient beaucoup plus considérable ; et arrivé à l'origine de ce ravin , et par conséquent au pied des sommets de collines arrondis d'où il part , on voit un filon puissant de Basanite (*b*) presque vertical, qui coupe nettement les zones de la Brecciole. Ce filon bien déterminé est composé de trois parties distinctes et parallèles. Les deux latérales offrent un assemblage de pièces prismatiques peu régulières placées horizontalement, en sorte qu'on en voit les bases à nu sur les salbandes du filon. La moyenne offre un Basanite amygdaloïde et poreux , mais néanmoins aussi tenace que celui des côtés.

Ainsi la masse de la colline et des collines adjacentes est composée, non pas de Basalte , mais d'une Brecciole de cornéenne : c'est cette Brecciole qui alterne avec le calcaire en bancs horizontaux ; ce calcaire et la Brecciole renferment des débris de corps marins ayant la plus grande ressemblance avec les familles de coquilles qui appartiennent au terrain de sédiment supérieur, c'est-à-dire à celui qui recouvre la Craie aux environs de Paris. On n'y voit, on n'y indique aucune Ammonite, aucune Bélemnite , aucun autre corps appartenant au terrain de sédiment moyen. Le vrai Basalte , ou les roches dont il est la base , ont une position distincte indépendante du calcaire , avec lequel elles ne présentent ici aucune alternance. Les roches basaltiques semblent avoir traversé la Brecciole , et cependant lui être antérieures ou au moins contemporaines : les fragmens renfermés dans cette roche ne laissent même aucun doute à ce sujet. Enfin les fragmens de calcaire enveloppés dans la Brecciole ont un aspect minéralogique très-différent de celui qui alterne régulièrement avec cette roche , et ils semblent appartenir à une autre formation.

Mais si on examine , même d'une manière générale et sans entrer dans aucun détail, les montagnes beaucoup plus élevées. coupées de vallées plus larges et plus profondes , qui entourent et dominent les vallons et collines de Brecciole et de Basanite du Val-Nera, on ne tarde pas à reconnaître que non-seulement elles sont taillées sur une plus grande échelle que ces collines et vallons, mais que le calcaire qui les compose est différent, et que la stratification de ses couches nombreuses, assez puissantes et inclinées dans divers sens, n'a aucun rapport avec la stratification horizontale du calcaire des terrains de Brecciole ; qu'il présente enfin, dans sa texture et dans toute sa manière d'être , des caractères d'une formation plus ancienne qu'on peut rapporter à l'époque de sédiment moyen, c'est-à-dire à celle de la craie ou du calcaire du Jura. Les fragmens ovales de calcaire enveloppés dans la Brecciole, et mentionnés plus haut, sont des débris de ce calcaire ; il est à regretter que nous n'ayons pu y découvrir aucune coquille fossile qui nous mette sur la voie d'en déterminer l'époque avec plus de certitude ou de précision ; mais nous allons reconnaître de l'autre côté de la vallée de Chiampo, dans le calcaire de ces montagnes élevées, un caractère de structure qui égale presque en valeur ceux qu'on pourrait tirer de la présence des coquilles fossiles.

Le Val-Nera , vallon secondaire de la grande vallée de Chiampo, nous montre

donc d'une manière assez claire le rapport de position de deux formations très-différentes, et des roches qui les composent :

Premièrement, des hautes montagnes de calcaire compacte ancien, et de l'époque
de sédiment moyen, formant l'ossature principale de ce canton ;

Secondement, des collines, assez basses ici, arrondies, composées de Basanite
vers leur sommet, de Brecciole de Cornéenne et de calcaire de sédiment supérieur
vers leur base ou leur bord, alternant en couche horizontale, et remplissant en tout
ou en partie, avec beaucoup d'ordre et de clarté, les grandes vallées de l'ancien calcaire (1).

C'est cet ordre régulier, c'est cette horizontalité du terrain nouveau, contrastant
avec l'inclinaison des couches du terrain ancien, qui donne à celui-ci l'avantage pré-
cieux de faire voir clairement le rapport des deux formations, et qui va nous fournir
les moyens de reconnaître le même ordre, les mêmes rapports dans des lieux peu
éloignés de celui-ci, mais où les choses sont beaucoup plus embrouillées. Il a donc été
heureux pour nous d'avoir vu ce lieu classique, et de l'avoir vu avant d'aller visiter
ceux dont j'ai encore à parler.

§ II. *Le Val-Ronca.*

Les terrains calcaréo-trappéens que je vais décrire nous présenteront, comme on
pourra le voir, le même ensemble de caractère, les mêmes roches, les mêmes dispositions en général ; mais chacun d'eux nous montrera une de ces dispositions dominante, et par conséquent beaucoup plus développée que les autres ; en sorte que
nous pourrons observer facilement et complétement dans l'un ce que l'autre ne nous
offrira que difficilement, et, pour ainsi dire, en ébauche.

Dans le Val-Nera, l'ordre et l'horizontalité de la stratification du terrain nouveau,
contrastant avec celle des terrains plus anciens qui l'entourent, est le caractère dominant
et celui qui nous a procuré un moyen de reconnaître clairement les rapports de ces terrains. Nous ne retrouverons plus cette heureuse circonstance ailleurs ; mais le Val-
Nera ne nous a fourni que peu de débris de corps marins ; il nous les a plutôt indiqués
qu'il ne nous les a fait connaître, et si nous n'avions que ceux-ci, on pourrait regarder
les conséquences que nous en tirerons comme très-hasardées : or si le Val-Ronca ne
nous offre plus la même régularité dans la superposition des roches, s'il ne nous fait
plus voir aussi facilement les terrains de sédiment supérieurs placés dans les vallées des
terrains de sédiment moyens, il va nous fournir une récolte aussi abondante que variée
de débris de corps marins, qui nous permettront d'asseoir avec plus de certitude les

---

(1) Je présente ici, planche I, une *coupe théorique*, qui donne une idée de la disposition relative de ces
deux formations.

CA est le calcaire ancien, ou du Jura, des hautes montagnes.

CT, le calcaire grossier déposé postérieurement dans les vallées de ces montagnes.

C, la Brecciole trappéenne formant le remplissage des vallées.

B, les masses basaltiques sortant de dessous terre et traversant la Brecciole, et peut-être le calcaire
grossier.

comparaisons et les rapprochemens que nous avons déjà mis en avant, et que nous allons être en état de prouver.

En entrant dans le val ou vallon de Ronca (1), qui, par son peu de largeur et d'étendue, et par tout son ensemble, a beaucoup de ressemblance avec le Val-Nera, on est de nouveau frappé par une alternance de roches calcaires et de roches noires trappéennes, qui, pour être moins régulière, moins répétée que dans le Val-Nera, n'en est pas moins évidente.

Ce calcaire se montre ici en bancs puissants. Il est jaunâtre sale, et à grains grossiers, mais néanmoins solide et même dur ; il paraît presque entièrement composé de Nummulites : cependant on y voit aussi des Strombes, des Cérites et quelques autres coquilles. Il est divisé en assises distinctes, souvent très-inclinées ; et comme il se présente à plusieurs reprises, tant sur les bords que dans le fond du ravin, il paraît offrir plusieurs couches alternantes ; mais en y revenant à plusieurs fois, je me suis assuré que c'était une illusion due à l'ondulation très-prononcée de la surface du dépôt calcaire, comme j'ai cherché à l'indiquer dans la figure 2, pl. I, B (2).

Pl. I, fig. 2.

Au-dessus de ce banc calcaire se présente un dépôt considérable en puissance et en étendue, C, d'une Brecciole de vakite ou de cornéenne, et renfermant beaucoup de fragmens de Basalte, assez semblable à la Brecciole de Val-Nera, mais ne présentant ni débris calcaires, ni débris de corps marin ; du moins nous n'en avons vu aucun. C'est dans ce terrain, qui forme la masse principale ou au moins la base non calcaire de toutes les collines environnantes, que se trouve le basalte. En remontant la vallée de Ronca, il se présente en masses considérables, composées de prismes A, peu réguliers, disposés verticalement, obliquement ou horizontalement, et dans toutes les directions. Dès qu'on entre dans le terrain principalement basaltique, on ne voit plus de calcaire, et lorsque, vers le coude B de la vallée, cette masse s'approche et touche au calcaire, elle semble avoir glissé dessus ou à côté, et non pas dessous, comme on pourrait le croire au premier aspect, et comme la figure semblerait l'indiquer. Ce basalte est indépendant du calcaire ; il a glissé, il est tombé dans le ravin creusé dans ce calcaire après l'ouverture de ce ravin. Les rapports de cette roche avec la Brecciole et le calcaire paraissent donc être ici les mêmes qu'au Val-Nera. Au-dessous du calcaire est un autre dépôt de Brecciole de cornéenne, plus ou moins solide, tantôt assez dure, tantôt presque friable ou même argileuse, et se délayant dans l'eau, en y prenant une sorte d'onctuosité. Cette Brecciole est d'une couleur presque noire, avec une nuance de verdâtre ; elle renferme une quantité considérable de coquilles, dont

(1) Ronca est, comme on sait, un village à six lieues au nord-est de Vérone, à l'entrée de la vallée de l'Alpon : c'est à une demi-lieue au plus de distance de ce village, à l'orient, et en remontant le torrent, que l'on entre dans le vallon remarquable que je vais décrire.

(2) Cette figure est plutôt une coupe ou profil abstrait du côté méridional du val de Ronca, qu'une représentation exacte de cette vallée : ce que j'ai resserré dans un court espace est étendu sur plusieurs centaines de mètres ; et ce que j'ai représenté en ligne droite est plié par deux coudes : c'est précisément cette étendue, cette double courbure, qui fait croire au premier moment que le calcaire alterne plusieurs fois avec la Brecciole.

la spécification et l'état particulier de conservation doivent appeler notre attention particulière.

Les coquilles, souvent comme changées en calcaire spathique opaque, et d'un gris jaunâtre sale, sont rarement entières; le plus grand nombre est au contraire non-seulement brisé, mais même écrasé. Elles sont mêlées sans ordre avec la Brecciole, qui, malgré la grossièreté de son grain, en a rempli entièrement les cavités.

Au milieu de cette Brecciole, se trouvent des morceaux roulés de Basalte, et sur ces fragmens sont adhérentes les coquilles qui, comme les huîtres, sont susceptibles de se fixer, et des madrépores qui les enveloppent en partie.

Ce fait, qui avait déjà été indiqué par Fortis, dans sa description de la vallée de Ronca, nous apprend que le terrain de Brecciole de cornéenne, avant d'avoir été recouvert par les couches de calcaire qui le surmontent, a séjourné assez long-temps sous les eaux de la mer pour que les coquilles et les zoophytes qui y sont mêlés y aient pris leur développement, et, à plus forte raison, que ces coquilles et ces zoophytes n'y ont point été amenés de loin, mais qu'ils ont vécu dans cette place.

Le banc de Brecciole, inférieur au calcaire, est, dans le point où nous l'avons observé, d'une épaisseur très-variable; il est aussi plus ou moins chargé d'argile verdâtre, de calcaire et de coquilles; nous n'avons vu parmi ces débris, malgré l'attention que nous y avons apportée, aucun fragment d'Ammonite ni de Bélemnite; nous n'en connaissons aucun dans les collections qui nous ont passé sous les yeux. Enfin, au-dessous de ce banc, on remarque dans certains endroits un autre banc composé de trapp ou de basalte altéré, ou seulement désagrégé en gros sphéroïdes à couches concentriques; il ne nous a pas paru renfermer de coquilles. Mais cette description des roches qui composent le val de Ronca, avec l'indication des corps marins fossiles qu'elles renferment, ne suffit pas dans l'état actuel de la géologie; il faut faire connaître ces corps spécialement. C'est ce que j'essaierai de faire lorsque j'aurai parlé des terrains analogues à celui-ci qui me restent à décrire.

§ III. *Montecchio-Maggiore.*

La colline, le château et le village à 12 lieues au nord de Vicence qui porte ce nom est célèbre depuis long-temps, non pas par ses pétrifications, quoiqu'elles aient depuis peu attiré l'attention des géologues et même des commerçans d'histoire naturelle, mais par la variété et l'abondance des espèces minéralogiques que renferment ses amygdaloïdes dans leurs cavités. Tous les minéraux qui gisent ordinairement dans les terrains trappéens, qui y gisent d'une manière si particulière et si constante qu'ils semblent leur appartenir en propre, se trouvent réunis dans la petite colline de Montecchio-Maggiore. C'est aussi sous ce point de vue, et presque sous celui-là seul, que cette colline a été si souvent décrite et citée; mais ce n'est pas sous celui-là que nous l'examinerons; et quoique la présence de ces minéraux ne soit pas absolument sans influence sur notre sujet, il nous suffira d'avoir rappelé cette circonstance.

Ici le terrain trappéen, que beaucoup de géologues appellent volcanique, est tout-à-fait dominant. Le terrain calcaire, quand il lui est évidemment interposé, ne s'y montre plus qu'en indice ; et quand il en est séparé, il présente des caractères d'origine tellement douteux que je me garderai de prononcer.

Mais ce terrain trappéen a , comme je viens de l'annoncer en commençant ce paragraphe , un aspect bien plus remarquable ; il paraît plus pur, plus cristallin , et ces qualités semblent lui imprimer un caractère d'ancienneté et d'intégrité que n'offrent pas les Breccioles terreuses et les Basanites ternes du Val-Nera et du Val-Ronca.

Ce terrain est une véritable Brèche, composée de deux roches de même classe géognostique , c'est-à-dire toutes deux à base de cornéenne , mais de formation probablement très-différente.

La pâte de cette brèche nous montre de nouveau la Brecciole de cornéenne verdâtre plus ou moins solide. Les noyaux enveloppés qui, par leurs angles émoussés, leurs contours souvent arrondis, rapprochent cet agregat des Poudingues presque autant que des Brèches , sont des Amygdaloïdes (Spilites) à pâte solide, violâtre, rougeâtre ou verdâtre, offrant de nombreuses cavités en forme de bulles , dont tantôt la capacité est remplie de calcaire spathique, et tantôt les parois sont couvertes de cristaux d'Analcime, etc.

Ce sont ces nodules qui ont attiré l'attention de presque tous les voyageurs , et qui les ont presque tous distraits de l'observation en grand du val lui-même.

Ces nodules ne renferment aucun débris de corps organisés. L'examen que nous avons fait avec attention et à deux reprises de ce terrain ne suffirait pas pour établir ce résultat négatif , s'il n'était confirmé par les rapports des guides, et surtout par l'assertion , d'un beaucoup plus grand poids, d'un observateur infatigable de ces contrées, M. Marzari.

La Brecciole, pâte de cette Brèche , offre des résultats tout différens. Elle ne contient aucune des espèces minérales renfermées ou implantées par voie d'infiltration cristalline dans les cavités des nodules de Spilite ; mais elle renferme des coquilles fossiles et d'autres débris organiques, et, suivant M. Marzari, des fragmens de calcaire qui contiennent des restes organiques.

Cette distinction est importante, parce qu'elle tend à faire reconnaître que la colline trappéenne , pour ne pas dire volcanique, de Montecchio-Maggiore est composée de deux roches différentes quant à l'époque de leur origine : l'une, qui constitue les fragmens de Spilite, paraît la plus ancienne ; l'autre, qui est la Brecciole enveloppante, est certainement la plus nouvelle (1).

L'examen des coquilles et autres débris organiques que renferme cette Brecciole, en confirmant cette différence d'âge, les rapprochera des Breccioles de Val-Nera et de Ronca.

(1) Ni cette roche, ni même les fragmens plus solides qu'elle renferme, ne sont de la nature des Basaltes : on n'a nulle part d'exemple authentique de coquilles dans un vrai Basalte. M. Breislak admet ce résultat, et ajoute : *Les coquilles fossiles de Montecchio-Maggiore sont, non pas dans le basalte, mais dans une brèche ou conglomerat volcanique.* (Inst. géol., t. III, § 696.) Or, ce que nous venons de faire remarquer sur la différence de nature et d'origine de la pâte qui renferme les coquilles fossiles et des fragmens qui n'en contiennent pas ajoute un nouveau poids à ce résultat.

2

Outre les corps marins, on trouve ici, comme nous allons le voir ailleurs, des fragmens de bois singulièrement altérés en une matière noirâtre et comme charbonneuse,
couverts d'une matière brillante et d'un aspect cristallin qui n'a pas encore été déterminée, mais qui paraît être de l'Analcime. La masse du bois est en outre presque entièrement remplacée par des cristaux assez volumineux, et souvent très-nets, de calcaire spathique cuboïde.

Le terrain dont je viens d'indiquer les traits caractéristiques compose une colline
bifurquée vers son sommet, très-peu élevée, très-circonscrite, qui est au pied d'une
colline ou chaîne de collines calcaires beaucoup plus élevées. Elle semble être sortie du
pied de ces dernières collines : c'est l'idée que son aspect fait naître; c'est celle qu'ont
eue et qu'ont émise presque tous les naturalistes qui l'ont observée; et cette circonstance rend très-difficile de reconnaître et d'établir les rapports de formation et de superposition qui existent entre ces petites buttes trappéennes et les couches des collines
calcaires qui les dominent sans les recouvrir.

La colline qui est au Nord-Est du village de Montecchio, et qui porte ce château,
est généralement composée de couches nombreuses presque horizontales d'un calcaire
d'apparence grossière, qui présente deux variétés de structure assez différentes qui
alternent plusieurs fois ensemble.

L'un de ces calcaires est assez compacte, et forme des assises solides et puissantes :
l'autre paraît plus marneux; il est subdivisé en une multitude de feuillets irréguliers
dans leur épaisseur, comme noduleux et amygdalins, qui renferment des coquilles
fossiles mal conservées, et notamment des Nummulites plus ou moins grandes.

Ces calcaires renferment en outre des coquilles marines nombreuses, d'espèces
très-variées, qui se rapportent très-bien par leurs genres et par leurs espèces aux terrains qui nous ont présenté des coquilles analogues à celles de la formation de sédiment
supérieur : mais j'y ai trouvé une coquille qui jusqu'à présent a paru toujours étrangère
à cette association; c'est la Gryphée, que je rapporte à l'espèce du *Gryphea columba* de
M. de Lamarck, figuré dans l'*Encyc. méth.*, pl. 189, fig. 3, 4. Non-seulement aucune
espèce du genre Gryphée ne s'est encore montrée dans le terrain de sédiment supérieur,
mais l'espèce en question présente deux variétés : l'une, qui est la plus petite, se rencontre assez constamment dans le terrain de craie; l'autre paraît appartenir à un terrain encore plus ancien. Or celle de Montecchio est absolument de la même espèce
que le *Gryphea columba* observé à Nice par M. Risso, et que ce naturaliste m'a
fait voir encastré en quantité prodigieuse dans ces bancs peu épais, très-obliques, très-
contournés, d'un calcaire compacte grisâtre qui alterne avec des lits de marnes calcaires dans la baie de Ville-Franche, et qui m'a paru, ainsi qu'à M. Risso, appartenir
à cette partie du terrain de sédiment supérieur qu'on nomme *Calcaire alpin*.

Ce fait est embarrassant : quoique isolé, il est assez bien constaté; car j'ai détaché
moi-même cette Gryphée de la couche calcaire dans laquelle elle était engagée; elle ne
paraissait pas y avoir été enveloppée à l'état fossile; les couches sont horizontales, ou
à très-peu près; on ne remarque dans leur stratification aucune interruption. Mais je
n'ai vu cette montagne qu'en passant; je n'ai pu, après avoir fait ces réflexions, ni

l'examiner sous plusieurs faces, ni revenir l'étudier. Ce fait encore isolé ne peut donc infirmer les généralités qui résultent des autres observations beaucoup plus nombreuses et s'accordant toutes ensemble. J'ai dû le consigner ici pour engager les naturalistes qui visiteront cette intéressante situation à examiner de nouveau ces collines calcaires et leurs fossiles, pour constater toutes les circonstances de leur gisement beaucoup mieux que je n'ai pu le faire (1).

On voit donc à Montecchio la Brecciole enveloppant des coquilles marines du terrain de sédiment supérieur et le calcaire à Nummulites, comme à Val-Nera et à Ronca, point de Basalte, mais une amygdaloïde (Spilite polylithique) qu'on ne trouve pas dans ces derniers lieux.

§ IV. *Monte-Viale.*

Quoique j'aie peu de chose à dire de ce gîte, remarquable par la présence de la Strontiane sulfatée dans des coquilles fossiles, parce que je n'ai pu l'examiner dans toutes ses parties, il nous présentera néanmoins un fait de plus, qui nous conduira encore plus directement à la détermination du gisement des poissons fossiles de Bolca; car ici la présence de ces animaux se manifeste déjà, et dans une position beaucoup plus simple et plus claire qu'à Bolca.

Monte-Viale est une colline assez élevée à une lieue et demie au nord-ouest de Vicenze, au sommet de laquelle est un village du même nom. En montant vers ce sommet par le chemin qui vient de Vicenze, on voit une coupe naturelle du terrain, qui Pl. I, fig. 4. présente d'abord la brèche calcaréo-trappéenne (B). Les nodules de calcaire qui entrent dans sa composition appartiennent tantôt au calcaire compacte et tantôt au calcaire grossier. Celui-ci renferme des coquilles fossiles de diverses espèces, souvent très-difficiles à déterminer, mais qui m'ont paru appartenir en général aux mêmes familles, aux mêmes genres, et souvent aux mêmes espèces, que celles de Ronca et des autres terrains calcaréo-trappéens que j'ai décrits plus haut.

On voit sur cette véritable brèche, déterminée telle par la grosseur des fragmens qui la composent, mais ne montrant aucune apparence de *stratification*, une Brecciole volcanique (*b*), terreuse et très-meuble, en *assises* minces parallèles, presque horizontales. Nous n'y avons découvert aucune coquille fossile. Ses couches viennent s'appuyer sur la brèche calcaréo-trappéenne.

En passant par-dessus la colline, et suivant un chemin creux qui descend vers l'ouest, on retrouve le même terrain de Brecciole volcanique; il est ici très-terreux, très-désagrégé, et renferme un grand nombre de fragmens de calcaire compacte qui contiennent presque tous des parties de madrépores et des portions de coquilles indéterminées.

---

(1) J'ai déposé le *Gryphæa columba* étiqueté par moi chez le guide Lorenzo Zannovelo, qui demeure au pied de la colline Tiappéenne.

Un nouvel examen des échantillons que j'ai rapportés me fait soupçonner que la base de cette colline n'appartient pas au calcaire grossier ou de sédiment supérieur.

2.

C'est dans cette Brecciole qu'on a trouvé isolées, et non dans les fragmens de calcaire, les coquilles fossiles analogues à celles des autres terrains calcaréo-trappéens, et qui renferment la Strontiane sulfatée qui les fait tant rechercher; enfin sur la partie Nord-Ouest de la colline, principalement derrière l'église, se montre le terrain basaltique très-fragmentaire, contre lequel semblent s'appuyer et sous lequel semblent s'enfoncer les Brèches et Brecciolos que je viens d'indiquer.

On voit donc ici, comme à Ronca, à Val-Nera, etc., la Brecciole trappéenne et le calcaire de sédiment supérieur complétement associés. Dans les premiers ils sont en couches assez distinctes ; ici les uns et les autres sont en fragmens et comme pétris ensemble.

Mais il y a une substance de plus, et cette substance s'est déjà annoncée à Montecchio-Maggiore ; c'est le Lignite. Dans ce dernier lieu il est en fragmens épars dans la Brecciole; à Monte-Viale il est en lits minces il est vrai, mais qui ont assez de continuité. C'est dans ce Lignite que se trouvent des empreintes assez nombreuses de poissons fossilos ; elles sont en général peu entières, et ce défaut de conservation et d'intégrité en a rendu la détermination exacte presque impossible. Néanmoins on en voit assez pour s'assurer que ces poissons ne présentent point de caractères généraux de famille ou d'époque différentes de ceux de Bolca ; ils peuvent, ils doivent même nous servir à lier les terrains trappéens coquilliers que nous venons de décrire, et dont l'époque est bien déterminée par la nature même de ces coquilles, avec le terrain à ichtyolithes de Bolca, où les poissons sont si abondans et les coquilles si rares.

Ainsi Monte-Viale ressemble au Val-Nera par la Brecciole et le calcaire; à Ronca, par la Brecciole, le calcaire et les coquilles ; à Montecchio-Maggiore, par la Brecciole, les coquilles qui y sont dispersées et la strontiane sulfatée ; et à Bolca, par les poissons et les lignites. La superposition de ces terrains et la contemporanéité des roches qui les composent sont évidentes, et les points de ressemblance que nous venons d'indiquer transmettent cette évidence aux terrains dans lesquels elle l'est beaucoup moins lorsqu'on les considère isolément. Telles sont les conséquences que nous tirons de l'examen succinct, mais suffisant pour notre but, que nous venons de faire de la colline de Monte-Viale.

§ V. *Monte-Bolca.*

Me voici arrivé à un des objets principaux de mon travail, c'est-à-dire au moment où je pourrai déterminer, avec quelque vraisemblance, à quelle époque de formation doit être rapporté le gîte célèbre des poissons fossiles de Monte-Bolca.

Je ne chercherai pas à décrire cette montagne, ou plutôt cet assemblage de collines très-élevées ; je ne l'ai pas étudiée assez long-temps pour espérer d'en donner une description plus complète que les naturalistes qui l'ont fait connaître : mais je crois néanmoins y avoir pu distinguer les traits caractéristiques de la formation à laquelle elle appartient. Il me suffira donc, pour fixer ces caractères, de donner une courte description de la carrière que j'ai visitée , ou plutôt de donner l'explication de la coupe que j'en ai faite.

On sait que les carrières à ichtyolithes sont situées vers le sommet des collines qui sont au Sud-Est de la montagne de Bolca , et qui descendent vers Vestena-Nova. En général la base de ces collines vers l'Est, c'est-à-dire vers les vallées de Chiampo, m'a paru composée d'un calcaire compacte, amygdalin, rougeâtre , et analogue par sa structure au marbre connu sous le nom de marbre de Vérone ; marbre ou calcaire qui dans les monts Euganéens est évidemment inférieur au Trachyte (1) et autres roches felspathiques de ces montagnes , qui renferme quelques Ammonites, et qui m'a semblé posséder la plupart des caractères du calcaire du Jura. Sur ces couches calcaires, et comme sortant de leur sein , sont des collines très-élevées , très-étendues , composées de presque toutes les espèces et variétés de roches trappéennes, de Spilite, de Basanite, de Brecciole , dispersés ou sans ordre constant, ou dans un ordre que je n'ai pu saisir. Ces roches trappéennes , ici puissantes , élevées et étendues, alternent, surtout vers les parties les plus hautes des collines et par conséquent les plus superficielles , avec des couches également nombreuses, puissantes et étendues, d'un calcaire souvent compacte ou marneux : c'est ce calcaire qui renferme les poissons fossiles , et c'est ce calcaire dont il s'agit de déterminer l'époque de formation. Enfin les plus hauts sommets , et notamment celui qu'on appelle *la Purga di Bolca*, sont couronnés de Basalte qui semble par conséquent recouvrir les roches précédentes , et qui en effet les recouvre souvent sans aucun doute. Telle est la disposition générale des roches dans les montagnes qui composent le groupe dont Bolca fait le point principal (2). La description suivante va faire connaître la disposition particulière de ces roches dans quelques cas.

La colline à ichtyolithe que j'ai visitée , et dont je donne ici la coupe figurative , c'est-à-dire sans proportions exactes, quoique moins haute qu'une autre carrière située de l'autre côté d'un vallon très-profond, est déjà assez élevée, et probablement de

(1) M. Maizari a constaté et établi cette superposition dans une figure qu'il m'a donnée, et qui a été gravée dans l'atlas des *Institutions géologiques* de M. de Breislak, planche 39. J'ai reconnu cette superposition en visitant, avec M. Parolini, les environs d'Arqua, village célèbre par la maison de Pétrarque.

(2) Cette disposition générale est souvent compliquée et comme cachée par des circonstances accessoires dues a des bouleversemens anciens, qui dans quelques lieux semblent avoir tout mêlé ; elle est alors assez difficile à observer, et par conséquent beaucoup moins évidente que ne sembleroit l'indiquer la description générale que je viens d'en donner. Je pourrais donc encore en douter, quoique je l'aie observée à peu près la même dans plusieurs points où est elle plus simple qu'à Bolca ; mais la coïncidence des descriptions anciennes, lorsqu'on sait en dégager les circonstances inutiles, avec des descriptions beaucoup plus modernes, qui diraient tout ce que je viens d'annoncer si leurs auteurs l'avaient eu en vue, confirment pleinement la réalité et la constance de cette superposition. Ainsi , M. Bevilacqua-Lazise dit, dans son *Histoire des combustibles fossiles du Véronais* (page 11) : « Le lithanthrax du val Pantena se montre dans le lit d'un » torrent qui est entre deux collines *de calcaire compacte blanc et rose, en couches minces, et rempli d'Ammo-* » *nites.* » Voilà le calcaire compacte qui constitue le marbre de Vérone, que je rapporte au calcaire du Jura » et qui forme le sol ancien sur lequel reposent les autres formations. Il dit plus loin (page 29) : « *Le cône* » *basaltique,* dit la Purga di Bolca *repose sur le calcaire qui forme la base de la montagne qui renferme dans* « *ses lits les ichtyolithes,* etc. »

(14)

quatre cents mètres au moins au-dessus du niveau de la mer Adriatique , d'après les mesures barométriques prises par M. Pollini , et données par M. Bevilacqua-Lazise. Elle présente deux exploitations d'ichtyolithes placées l'une au-dessus de l'autre , et m'a montré la succession de roches que je vais décrire, en allant du sommet à la dernière carrière.

1° Le sommet A offre un calcaire compacte brun , très-fragmentaire , mais néanmoins en assises distinctes très-inclinées vers le Sud.

2° En B un lit ou un filon-couche de Basanite brunâtre , très-fragmentaire et très-désagrégé. Ce lit ou filon de Basanite se continue très - loin ; on le suit avec facilité, tant sa position est constante et régulière. A peu de distance de la carrière à ichtyolithes , on en voit un autre qui est dans une position absolument semblable à celle du Basanite B.

3° Au-dessous , plusieurs assises d'un calcaire compacte C , semblable au supérieur A. L'assise qui touche le basalte est noirâtre ; les autres sont blanc-sale , traversées de quelques veines de calcaire spathique et de fissures tapissées de petits cristaux de calcaire.

Les arêtes des fissures de ces couches sont comme arrondies et usées ou corrodées du côté du basalte ; elles sont en outre très-fragmentaires ; leurs parties ou fragmens naturels , à surfaces courbes , ressemblent à de grosses amandes produites par la compression et le glissement l'un sur l'autre de morceaux subellipsoïdes.

Ces assises , beaucoup plus multipliées que ne le représente la coupe , sont presque verticales.

4° On arrive à une couche D, brunâtre , composée de lits sinueux et ressemblant par leur disposition, leur structure en petit, etc., à un banc de calcaire concrétionné.

5° Viennent ensuite des lits de calcaire marneux assez puissans , assez nombreux , divisés naturellement en parallélépipèdes dont le milieu est noirâtre, et renfermant en E des nodules de silex corné plus ou moins abondans.

6° C'est au-dessous de ces assises que se trouvent celles du calcaire marneux , ou schiste calcaire , dur , jaunâtre , assez compacte , très-fissile , qui renferment les poissons fossiles.

Des déblais abondans couvrent les couches inférieures à celle-ci.

6° En descendant par-dessus ces déblais pour gagner la carrière inférieure , on trouve d'abord en G de nouvelles assises de calcaire marneux , parmi lesquelles nous avons remarqué deux lits particuliers. Le supérieur *a* est mince, brunâtre, et présente quelques empreintes de coquilles très-petites presque indéterminables , mais qui m'ont cependant paru être du genre *Avicule.*

Un autre lit moyen *b* , plus gros , très-dur , est pétri de coquilles , et présente l'aspect d'une véritable lumachelle. Ces coquilles , autant qu'on peut les reconnaître, sont des *Nummulites*, des fragmens de coquilles bivalves , des alvéolites, qui paraissent appartenir à l'*Alveolites festuca,* Bosc., etc.

Ces deux lits et les assises minces, mais très-nombreuses, qui les accompagnent, font des replis fort remarquable et que la figure indique.

7° Enfin, au-dessous de ces assises minces, contournées, *coquillières*, se présente un second dépôt P 2 d'ichtyolithes, composé, comme le supérieur, de lits ou feuillets nombreux de marne calcaire, ou plutôt de schiste marneux. On sait que c'est entre ces lits, divisés par une multitude de fissures, traversés de veines de calcaire spathique, que se trouvaient ensemble, et les nombreux poissons fossiles qui sont tous marins, et les nombreuses empreintes de plantes qui sont la plupart terrestres ou fluviatiles (1).

Le Lignite, en morceaux épars à Montecchio-Maggiore, en lits minces à Monte-Viale, se présente ici abondamment et souvent en lits assez puissans. Nous l'avons vu en lits minces dans une Brecciole volcanique terreuse et friable en montant vers les carrières que je viens de décrire, et nous l'avons retrouvé dans la même position en quittant ces carrières pour descendre vers *Vestena-Nova*.

Des lits nombreux et assez puissans pour être susceptibles d'exploitation se montrent au pied du cône isolé et basaltique dit *la Purga di Bolca*. Ces couches de Lignite, décrites par M. Bevilacqua-Lazise, sont inclinées du Nord-Ouest au Sud-Est, recouvertes et même coupées par du Basanite (trapp volcanique, B.-L.), et même quelquefois en contact immédiat avec du Basanite compacte et à peu près prismatique : il est entouré et comme enveloppé d'argile plastique, blanche, jaunâtre ou bleuâtre ; il est recouvert par un schiste bitumineux, et repose dans ce lieu sur le calcaire à ichtyolithe. (Bevilacqua-Lazise, pag. 29 et 36.)

ARTICLE II.

Comparaison de ces terrains entre eux, et avec des terrains analogues du même canton.

Je viens de donner, non pas la description, mais les traits caractéristiques des cinq lieux que j'ai visités, et où le terrain trappéen-brecciolaire et basaltique est superposé et même mêlé avec le calcaire.

Ces cinq lieux sont peu éloignés l'un de l'autre ; quelques-uns présentent des différences qui à certains égards paraissent assez remarquables ; mais quand on les étudie et qu'on cherche à les évaluer, on voit qu'elles ne sont point essentielles.

Tous sont composés de calcaire grossier et coquillier et de roches trappéennes ; mais l'une de ces roches l'emporte quelquefois considérablement sur l'autre. Au Val-Nera, à Monte-Viale, à Ronca, elles sont en proportion peu inégale. Dans le premier endroit la stratification est horizontale, et l'alternance des roches est parfaitement claire ; à Monte-Viale et à Ronca la stratification est encore claire, quoique les roches commencent à se mêler et les bancs à s'incliner.

(1) Mon fils a cherché à donner, dans un *Mémoire général sur les végétaux fossiles* (imprimé dans les *Mémoires du Muséum d'histoire naturelle*, tome VIII, page 543), les raisons d'une association qui paraît assez singulière.

À Montecchio-Maggiore le terrain trappéen est dominant, et le calcaire, qui est évidemment de même époque que lui, n'y est mêlé que par fragmens, ou n'y est représenté que par les coquilles marines qui lui sont propres. Le terrain trappéen a bien toujours pour base une Brecciole, mais il renferme une multitude de fragmens de Spilite compacte, dont les nombreuses soufflures sont tapissées ou remplies de minéraux cristallisés d'espèces très-variées ; toutes circonstances qui semblent indiquer que cette roche était plus voisine du foyer de formation, par conséquent que les matières qui la composent étaient plus aptes à la cristallisation, et moins altérées par leur mélange avec des roches d'agrégation.

A Bolca c'est le contraire ; c'est le calcaire qui est dominant, et tellement abondant qu'il forme des collines et presque des montagnes entières. A cette circonstance se trouve liée celle d'une quantité de débris organiques qui ont attiré l'attention des naturalistes, autant que les minéraux de Montecchio-Maggiore ont absorbé celle des minéralogistes. Elle semble les avoir empêchés de remarquer autre chose, et de voir que le terrain de Bolca ne diffère des autres gîtes que nous venons de remarquer que par la prédominance du calcaire et le renversement de ses couches. D'ailleurs on y trouve le même calcaire, la même disposition à une stratification en couches minces, les coquilles du même monde, quoique ce ne soient pas les mêmes espèces, et qu'elles y soient et plus rares et plus difficiles à déterminer ; on y reconnaît les Lignites qui les accompagnent si souvent ; enfin on y voit les mêmes Basanites et les mêmes Spilites, quoique beaucoup plus rares. Le terrain de Bolca paraît donc être de même époque de formation que ceux de Ronca, du Val-Nera, etc., etc.

Je ne détaillerai pas davantage le tableau de ces ressemblances, parce qu'il présenterait une répétition trop complète de ce que j'ai déjà dit, en faisant pressentir, à l'article de chaque lieu que j'ai décrit ; les analogies qu'il offrait avec les précédens ; mais je le terminerai en donnant l'énumération raisonnée et même la description et la figure, lorsque cela sera nécessaire, des corps marins fossiles qui se trouvent dans les cinq endroits dont je viens de parler, et dans d'autres lieux dont l'analogie avec ceux-ci n'est douteuse pour personne. Comme je n'ai pas visité ces derniers lieux, je me contenterai de les nommer et d'en indiquer les caractères généraux, soit d'après les notions que j'en ai prises dans les ouvrages des naturalistes italiens ou dans leur conversation, soit d'après les échantillons que j'en ai vus ou que je possède.

Ces lieux sont :

1° Le *Monte-Glosso*, à l'Ouest de Bassano, à l'embouchure de la vallée de la Brenta (1).

2° Le *val Sangonini*, dans les Bragonze, près du mont Summano et de l'embouchure de la vallée de l'Astico. (D'après Fortis et des notes transmises par M. Maraschini.)

3° *Castel-Gomberto*, dans le Valdagno, beaucoup au-dessus de Montecchio-Maggiore. (D'après des notes et des échantillons communiqués par M. Maraschini.)

(1) J'ai visité ce premier endroit, mais très-rapidement, avec M. Parolini.

4° Plusieurs endroits des monts *Berici*, et notamment les environs de Brendola, dont M. de Buch m'a donné des coquilles, et où Fortis cite une vase bleuâtre marine, renfermant des Huttres, des Spondyles, etc.

Dans tous ces cantons, la Brecciole trappéenne, le Basanite, les Spilites, et des roches trappéennes encore plus cristallisées, sont mêlés avec des calcaires grossiers ou sub-compactes, renfermant des coquilles de la même époque que celles de Ronca, etc. Tantôt ce sont les roches trappéennes qui y dominent, comme à Monte-Glosso, à Brendola; tantôt ce sont les calcaires qui forment la plus grande masse du terrain, comme à Castel-Gomberto, etc.

J'ai réuni dans l'énumération que je vais donner les corps marins qu'on trouve dans ces derniers lieux; mais je ne les ai pas confondus, ayant toujours eu soin d'indiquer le lieu ou les lieux qui ont fourni chaque espèce (1).

On ne peut pas se contenter d'indiquer ces corps vaguement par des noms génériques, ou même par des dénominations spécifiques appliquées légèrement et sans un examen minutieux des différences spécifiques; car c'est sur les différences ou les ressemblances qui résultent de cet examen, que sont fondés les caractères qu'on peut en tirer pour la distinction des époques de formation.

Si tous les corps organisés fossiles étaient exactement décrits et dénommés, ce travail serait simple, facile, et amènerait promptement au but qu'on se propose ; mais ces ressources nous manquent, et nous sommes forcés pour atteindre ce but de prendre des circuits longs, obscurs et souvent fastidieux (2).

Énumération des coquilles et zoophytes des terrains de sédiment supérieurs observés dans les lieux qui viennent d'être décrits (3).

Nummulites nummiformis. DEFR.	Ronca.
Bulla Fortisii. A.BR.	Ronca.
Helix damnata. A.BR.	Ronca.
Turbo Scobina. A.BR.	Castel-Gomberto.
— *Asmodei.* A.BR.	Ronca.

(1) J'ai employé dans cette énumération non-seulement les espèces que MM. Bertrand-Geslin, mon fils et moi, avons recueillies sur les lieux, mais encore celles qui m'ont été communiquées par diverses personnes, notamment par M. Boso il y a long-temps, et tout récemment par M. l'abbé Maraschini de Schio, avec une obligeance d'autant plus généreuse, que M. Maraschini, qui connaît très-bien la structure géognostique du Vicentin, et qui nous a donné sur ce sujet un mémoire instructif (*Journ. de Phys.*, mais 1822), avait le projet de faire entrer dans cette description une partie des coquilles fossiles dont il a bien voulu enrichir mon travail.

(2) La troisième partie de ce Mémoire présente la description des espèces non encore décrites, la synonymie de toutes, la citation des auteurs et figures qui s'y rapportent, et les observations zoologiques qui peuvent être faites sur la détermination des espèces et des genres auxquels on les a rapportées.

(3) Abréviations. — A.BR. indique les espèces que j'ai considérées comme nouvelles et décrites comme telles.

LAM. . . . . . LAMARCK.	DE FR. . . . DE FRANCE.
BROCC. . . . BROCCHI.	BORS. . . . . BORSON.
SOW. . . . . SOWERBY.	

Monodonta Cerberi. A.Br.	Val-Sangonini.
Turritella incisa. A.Br.	Ronca.
— *asperula.* A.Br.	Ronca.
— *Archimedis.* A.Br.	Ronca.
— *imbricataria.* Lam.	Ronca.
Trochus cumulans. A.Br.	Castel-Gomberto.
— *Lucasianus.* A.Br.	Castel-Gomberto.
Solarium umbrosum. A.Br.	Ronca.
Ampullaria Vulcani. A.Br.	Ronca.
— *perusta.* Defr.	Ronca.
— *obesa.* A.Br.	Montecchio-Maggiore. Castel-Gomberto.
— *depressa.* Lam.	Ronca.
— *spirata.* Lam.	Val-Sangonini.
— *cochlearia.* A.Br.	Castel-Gomberto.
Melania costellata. Lam. Var. *roncana.* A.Br.	Ronca. Val-Sangonini.
— *elongata.* A.Br.	Castel-Gomberto.
— *Stygii.* A.Br.	Ronca.
Nerida conoidea. Lam.	Ronca.
— *Acherontis.* A.Br.	Ronca.
— *Caronis.* A.Br.	Castel-Gomberto.
Natica cepacea. Lam.	S.-Giovane-Hilarion.
— *epiglottina.* Lam.	Ronca.
Conus deperditus. Brocc. Var. *roncanus.* A.Br.	Ronca.
— *alsiosus.* A.Br.	Ronca.
Cyprœa Amygdalum. Brocc.	Ronca.
— *inflata.* Lam.	Ronca.
Terebellum obvolutum. A.Br.	
Voluta subspinosa. A.Br.	Ronca.
— *crenulata.* Lam.	Val-Sangonini.
— *affinis.* Brocc.	Ronca.
Marginella Phascolus. A.Br.	Ronca.
— *eburnea.* Lam.	Ronca. Val-Sangonini.
Nassa Caronis. A.Br.	Ronca.
Cassis striata? Sow.	Ronca.
— *Thesei.* A.Br.	Ronca.
— *Æneæ.* A.Br.	Ronca.
Murex angulosus. Brocc.	Diverses parties du Vicentin.
— *tricarinatus.* Lam.	*Ibid.*
Terebra Vulcani. A.Br.	Ronca.

Cerithium sulcatum. **Lam.** Var. *ronca-*
num. A.Br. . . . . Ronca.
— *multisulcatum.* A.Br. . . . . Ronca.
— *undosum.* A.Br. . . . . Ronca.
— *combustum.* **Defr.** . . . . Ronca.
— *calcaratum.* A.Br. . . . . Ronca.
— *biralcaratum.* A.Br. . . . . Ronca et autres lieux du Vicentin.
— *Castellini.* A.Br. . . . . Ronca.
— *Maraschini.* A.Br. . . . . Ronca.
— *corrugatum.* A.Br. . . . . Ronca.
— *saccatum.* **Defr.** . . . . Ronca.
— *ampullosum.* A.Br. . . . . Castel-Gomberto.
— *plicatum.* **Lam.** . . . . Ronca.
— *lemniscatum.* A.Br. . . . . Ronca,
— *Stropus.* A.Br. . . . . Castel-Gomberto.
Fusus intortus. **Lam.** Var. *roncanus.*
A.Br. . . . . Ronca.
— *Noæ.* **Lam.** . . . . Ronca.
— *subcarinatus.* **Lam.** Var. *roncanus.*
A.Br. . . . . Ronca.
— *polygonus.* **Lam.** . . . . Ronca.
— *polygonatus.* A.Br. . . . . Ronca.
Pleurotoma clavicularis. **Lam.** . . . . Montecchio-Maggiore.
Pterocerus Radix. A.Br. . . . . Castel-Gomberto.
Strombus Fortisii. A.Br. . . . . Ronca.
Rostellaria corvina. A.Br. . . . . . . Ronca.
— *Pes - carbonis.* A.Br. . . . . Ronca.
Hipponix cornucopiæ. **Defr.** . . . . . Ronca.
Chama calcarata. **Lam.** . . . . Castel-Gomberto.
Spondylus cisalpinus. A.Br. . . . . . Castel-Gomberto.
Ostrea. . . . . Ronca.
Pecten lepidolaris? **Lam.** . . . . Ronca.
— *plebeius?* **Lam.** . . . . Ronca.
Arca Pandoræ. A.Br. . . . . Castel-Gomberto.
Mytilus corrugatus. A.Br. . . . . . . Ronca.
— *edulis?* **Linn.** . . . . Ronca.
— *antiquorum ?* **Sow.** . . . . Ronca.
Lucina scopulorum. A.Br. . . . . . . Ronca.
— *gibbosula.* **Lam.** . . . . Ronca.
Cardita Arduini. A.Br. . . . . Castel-Gomberto.
Cardium asperulum. **Lam.** . . . . . . Castel-Gomberto.

Corbis Aglaurœ. A.Br. . . . . Castel-Gomberto.
— *lamellosa.* Lam. . . . . Ronca.
Venus? Proserpina. A. Br. . . . . . . Ronca.
— *? Maura.* A.Br. . . . . Ronca.
Venericardia imbricata. Lam. . . . . Castel-Gomberto.
— *Laurœ.* A.Br. . . . . Castel-Gomberto.
Mactra? erebea. A.Br. . . . . Ronca.
— *? Sirena.* A.Br. . . . . Ronca.
Cypricardia cyclopœa. A.Br. . . . . . Ronca.
Psammobia pudica. A.Br. . . . . . . Val-Sangonini.
Cassidulus testudinarius. A.Br. . . . . Ronca.
Nucleolites Ovulum? Lam. . . . . . . Ronca.
Astrœa funesta. A.Br. . . . . Ronca.
Turbinolia appendiculata. A.Br. . . . Ronca.
Turbinolia sinuosa. A.Ba. . . . . Vicentin.

Plusieurs résultats importans peuvent être tirés de cette énumération , et doivent concourir avec d'autres faits à établir l'époque de formation des terrains calcaréo-trappéens.

1° On voit que le plus grand nombre des débris organiques qui composent ces dépôts appartiennent à des animaux marins ; cependant il y a quelques coquilles douteuses, et une coquille évidemment terrestre : c'est un *hélix.* Il paraît même que cette hélice n'est pas très-rare à Ronca, car nous en avons recueilli deux individus pendant le peu d'heures que nous y avons passées , et M. Maraschini en a trois.

Mais ces hélices, qui ne peuvent être marines , ont dû être amenées de l'intérieur des terres par les eaux des fleuves , et n'auraient pu être transportées bien avant dans la mer. Le sol de Ronca n'était donc ni très-profond , ni très-éloigné des côtes.

2° Peu de ces corps marins sont parfaitement semblables à des espèces déjà connues et décrites, et il a fallu les décrire presque tous comme espèces particulières à ce canton.

3° Cependant on a dû remarquer que ces coquilles se rapportent toutes aux genres reconnus pour se trouver dans les terrains de sédiment supérieurs, que les espèces déjà décrites appartiennent à ces terrains, et que celles qui ne l'ont pas été sont la plupart tellement semblables à d'autres coquilles de ces mêmes terrains que nous avons souvent hésité si nous les regarderions comme espèces distinctes.

Les terrains calcaréo-trappéens de Ronca, Bolca, etc., paraissent donc appartenir , par les espèces des corps organisés fossiles qu'ils renferment , aux terrains *de sédiment supérieur.* Les roches calcaires, par leur texture , leur disposition, leur couleur même , et par quelques autres circonstances sur lesquelles nous reviendrons plus bas, concourent à compléter cette ressemblance , dont l'examen plus précis va maintenant nous occuper.

ARTICLE III.

Détermination de l'époque de formation à laquelle on peut rapporter ces terrains.

Je viens de nommer la grande formation dont les terrains calcaréo-trappéens me paraissent faire partie : c'est celle *du terrain de sédiment supérieur*, dont le bassin de Paris nous a offert le premier exemple, et qui continuera à nous servir de type ou point de comparaison.

L'énumération que nous avons donnée des corps organisés fossiles des terrains calcaréo-trappéens de l'Italie septentrionale nous a fait voir que ce terrain a été sous-marin ; quelques coquilles terrestres, les Lignites et les feuilles de végétaux terrestres qu'il renferme n'affaiblissent pas cette conséquence. Mon fils a cherché à expliquer, par la considération de ces parties et des espèces de végétaux auxquelles elles avaient appartenu, de quelle manière on pouvait concevoir que ces corps terrestres avaient été chariés dans les mers (1).

La disposition des coquilles par familles (car toutes les Nummulites sont ensemble dans le même banc), l'adhérence des coquilles parasites et de certains madrépores sur les fragmens du Basanite, de manière à prouver qu'ils s'y sont développés, nous apprennent, je crois, sans aucun doute, que ces corps marins n'ont point été transportés dans ces lieux, mais qu'ils y ont vécu ; et c'est ce que nous voyons aussi aux environs de Paris.

Nous avons reconnu parmi ces corps marins plusieurs espèces qu'on trouve également dans le bassin de Paris, et nous y avons retrouvé presque tous les mêmes genres : nous avons dû remarquer que tous ces genres appartiennent au terrain de sédiment supérieur, et qu'on ne cite pas plus d'Ammonites, de Belemnites, d'Orthocerates, etc., dans les terrains d'Italie que dans ceux des environs de Paris. Nous y avons vu souvent le même calcaire grossier; et s'il présente quelquefois une texture compacte, ce n'est qu'une modification minéralogique qui a peu d'importance, puisqu'on la trouve aussi dans le calcaire de Paris qu'on nomme *clicart*, et jusque dans le calcaire lacustre. Nous donnerons pour exemple de ce dernier celui de Château-Landon, qui est même employé comme marbre.

Les silex cornés que nous avons observés dans les couches calcaires de Bolca se trouvent aussi, et très-fréquemment, dans le calcaire grossier des environs de Paris. Enfin les terrains d'Italie sont souvent en stratification contrastante sur un calcaire entièrement différent par sa nature, par les coquilles et autres corps organisés qu'il renferme, par la disposition des silex qui s'y trouvent, et par conséquent par son époque de formation. Ce dernier calcaire peut être rapporté par ces caractères au calcaire du Jura, et même à la craie, et par conséquent au terrain de sédiment moyen. Le terrain calcaréo-trappéen de Ronca, Bolca, etc., lui est évidemment superposé;

(1) *Mém. du Muséum d'histoire naturelle*, tome **VIII**.

il semble même avoir rempli en partie quelques-unes des vallées anciennes creusées dans ce calcaire du Jura. Il lui est donc postérieur, et ne peut, comme je l'ai annoncé au commencement de cette récapitulation, appartenir qu'au terrain de sédiment supérieur.

Enfin aucune roche ne paraît recouvrir constamment et essentiellement ce terrain. Le Basanite plus ou moins compacte, et quelquefois prismatique, paraît seul l'avoir quelquefois surmonté et s'être comme répandu sur lui.

Tous ceux de ces caractères qui, en raison des circonstances locales, peuvent se trouver dans le terrain de sédiment supérieur des environs de Paris, s'y montrent; celui-ci a pour support la craie de Meudon, etc., comme ceux du val Néra et de Bolca ont pour base le calcaire compacte, rougeâtre, amygdalin, à Ammonites, des environs de Vérone. Les analogies sont donc complètes dans toutes les parties. Elles avaient frappé M. Buckland en même temps que moi, ainsi que je l'ai dit plus haut; et si elles n'avaient pu être aussi exactement reconnues à une époque où les terrains de sédiment supérieurs de Paris étaient regardés comme faisant partie d'un sol d'alluvion, elles avaient du moins été indiquées aussi bien qu'il était possible par Arduini, ce naturaliste italien dont les vues et la sagacité ont été à juste titre vantées par Fortis. Arduini, cité par Ferber, lettre V, disait, il y a plus de cinquante ans, que les terrains de Ronca et de Bolca étaient *tertiaires*. Fortis faisait remarquer, à peu près dans le même temps, que les pétrifications de la vallée de l'Astico ressemblaient exactement aux *fossilia hantoniensia* de Brander, et il compare des Vis (*Terebra*) à une espèce qu'on trouve à Grignon et à Courtagnon.

Mais on sait que le terrain de sédiment supérieur est subdivisé lui-même en deux formations dont les époques doivent avoir été assez éloignées et très-distinctes, puisque étant toutes deux marines, elles sont séparées par le puissant dépôt de terrain lacustre dont le gypse fait partie. Nous avons établi, M. Cuvier et moi, cette distinction dans notre Description géologique des environs de Paris; et dernièrement M. Prevost l'a non-seulement fortifiée de nouvelles preuves, mais il l'a appliquée avec beaucoup de sagacité à un terrain des environs de Vienne en Autriche (1).

Or je crois pouvoir rapporter ici les terrains calcaréo-trappéens de l'Italie septentrionale à la formation inférieure ou à la plus ancienne du terrain de sédiment supérieur. Je trouve entre ces deux terrains l'analogie la plus frappante, et dans presque toutes leurs particularités la ressemblance la plus complète. Rien du terrain inférieur du calcaire parisien ne manque au calcaire de Bolca, Ronca, etc.

Plusieurs coquilles sont, comme on l'a vu, absolument de la même espèce; les Strombes, les Mélanies, les Turritelles, les Caryophillées, qui leur appartiennent plus particulièrement, se présentent dans l'un et dans l'autre. Mais le *Neritina conoidea*, et surtout les Nummulites qui caractérisent spécialement ce calcaire inférieur, pa-

---

(1) *Sur la constitution géognostique du bassin à l'ouverture duquel est située Vienne en Autriche*, par M. Constant Prevost. (*Journ. de Phys.*, 1820, t. XCI, pag. 547 et 460.)

raissent se trouver aussi dans le calcaire inférieur italien. Voilà pour les débris organiques, qui, par le nombre et la limitation de leurs espèces, peuvent être employés
comme caractères.

Nous avons vu à Monte-Viale, et à Bolca surtout, des débris plus ou moins nombreux
de poissons marins et de feuilles de végétaux, notamment d'arbres dicotylédons.
Notre calcaire des environs de Paris renferme aussi entre ses couches marines de
nombreuses empreintes de feuilles d'arbres et de végétaux terrestres ; et s'il ne contient pas de poissons comme à Bolca, il n'en est pas absolument privé. Il nous suffit
de citer le poisson fossile trouvé dans les carrières de calcaire grossier de Nanterre,
décrit et figuré par M. Faujas, et rapporté par M. de Blainville à une espèce du genre
labre qui devait être voisine du *Labrus Julis*, genre dont on trouve aussi plusieurs espèces à Bolca.

Si nous passons aux roches et aux minéraux, nous reconnaîtrons les mêmes points
d'analogie. Le Lignite mêlé de Succin et d'une Mélanopside particulière ne se trouve
dans le bassin de Paris qu'au-dessous du calcaire grossier inférieur, et ne se trouve
que dans cette sous-formation. C'est même une manière d'être qui nous paraît être
générale à tous les Lignites qui forment des dépôts puissans ; et il y a long-temps que
je crois avoir reconnu, et annoncé dans plusieurs occasions, cette règle de position qui souffre bien peu d'exceptions, si même elle en offre de réelles. Nous voyons
en Italie le Lignite se présenter à Monte-Viale, aux environs de Bolca, etc., à peu près
dans la même position et avec les mêmes circonstances (1).

Les Silex cornés que nous avons reconnus dans le calcaire de Bolca appartiennent
aussi au calcaire grossier inférieur de Paris. Ainsi les analogies se suivent jusque
dans les détails.

Mais il est quelques substances assez abondantes et assez remarquables dans le terrain de sédiment supérieur du pied des Alpes, qui semblent ou ne pas se trouver
dans le terrain de Paris, ou s'y trouver dans une position assez différente.

La *première* est la Strontiane sulfatée, qui remplit à Montecchio-Maggiore les cavités de certaines Amygdaloïdes, et qui tapisse quelquefois, tant dans ce lieu qu'à Monte-
Viale, les cavités des coquilles fossiles enveloppées dans la Brecciole trappéenne.

Nous pourrions faire remarquer à ce sujet qu'il existe *au pied des Alpes* lombardes,
dans le terrain de sédiment supérieur, une *particularité* aussi remarquable qu'in-
fluente, que nous ne prétendons pas retrouver dans le bassin de Paris : c'est la présence de roches trappéennes, très-probablement volcaniques, dont l'émission a été
accompagnée de celle d'une multitude de minéraux qui doivent leur formation à des
circonstances particulières, et on pourrait attribuer la présence de la Strontiane
sulfatée à ces mêmes circonstances. Mais je crois pouvoir faire voir que la Strontiane
sulfatée de Bougival, d'Auteuil, et peut-être celle de Meudon, est dans une position
géologique à peu près semblable à celle dans laquelle on la trouve à Monte-Viale
et à Montecchio-Maggiore.

(1) Voyez à ce sujet un mémoire de M. Bevilacqua-Lazise, *Dei combustili fossili esistenti nella provincia
Veronese.* Verona, 1816.

En effet , quoiqu'on trouve à Meudon de la Strontiane sulfatée en cristaux implantés sur les parois des fissures de la Craie et des Silex pyromaques qui y sont disséminés , on remarque que c'est principalement dans les parties supérieures de cette roche qu'on la rencontre plus abondamment.

Ce qui prouve que sa formation a été postérieure à celle de la craie , ce sont les cristaux de cette substance que nous avons trouvés, M. Cuvier et moi , dans un fragment de calcaire presque concrétionné, qui faisait partie du terrain brecchiforme qui dans ce lieu recouvre la Craie ; c'est surtout la Strontiane sulfatée en petits cristaux que M. Béquerel a reconnue dans les argiles plastiques d'Auteuil.

Or, pour pousser l'analogie aussi loin qu'il est possible , nous ferons remarquer que, près de Paris comme dans le Vicentin, la Strontiane sulfatée du terrain calcaire inférieur est en cristaux assez gros, ou limpides et sans couleur, ou avec une belle teinte bleue de ciel. Celle du terrain gypseux, au contraire , qui appartient au second terrain marin de sédiment supérieur, est aussi, dans l'un et l'autre pays, ou compacte, ou en petits cristaux jaunâtres sans aucune nuance bleuâtre. Si nous ne pouvons assurer qu'il n'y a aucune exception à cette règle, nous pouvons dire au moins qu'elle est très-générale.

La *seconde* chose qui paraît établir une différence très-grande et très-réelle , mais une différence minéralogique seulement , entre les terrains de sédiment supérieurs des deux pays, c'est la présence des roches trappéennes , si abondantes, si dominantes , si variées en Italie, tandis qu'on ne voit que du calcaire dans le bassin de Paris et dans tous ou presque tous les terrains marins de sédiment supérieurs à l'Ouest des Alpes. Je viens d'établir la valeur de cette différence en disant qu'elle n'était que minéralogique. En effet, elle indique bien que dans les temps où se sont déposées, non-seulement aux environs de Paris , non-seulement en Italie , mais sur toute la terre, les roches qui constituent les terrains de sédiment supérieurs , ce dépôt a été accompagné en Italie d'une émission de roches trappéennes qui s'y sont mêlées , qui l'ont même troublé et violemment bouleversé ; mais elle ne change point l'époque de formation ni les circonstances caractéristiques du terrain calcaire qui s'est alors déposé. Par conséquent ces roches trappéennes , par leur abondance ou par leur prédominance , peuvent bien masquer la formation du calcaire , attirer entièrement l'attention des observateurs , et empêcher qu'on ne le remarque et qu'on n'en détermine la vraie position; mais elles ne changent rien à la place qu'il doit occuper dans la série des couches qui composent l'écorce du globe.

Cependant, comme il semble en être de la géologie comme de la zoologie , où une partie importante disparaît rarement en totalité , voyons si nous ne pourrons pas trouver aux environs de Paris même quelques indices de ce terrain trappéen.

Les roches qui le constituent généralement sont des Basanites, des Variolites calcaires , des Breccioles trappéennes d'un brun verdâtre.

Les Basanites s'altèrent quelquefois et se décomposent en argile rougeâtre ; ils recouvrent des argiles plastiques bleuâtres.

Les Variolites renferment dans leurs soufflures des noyaux de diverses natures, très-souvent calcaires; quelquefois ces soufflures sont entièrement remplies de la terre verte à laquelle on a donné le nom de Chlorite. Cette terre verte devient même dominante dans certains lieux, tel qu'au mont Baldo, où elle est depuis long-temps l'objet d'une exploitation.

La Brecciole, presque toujours d'un vert brunâtre très-foncé, semble être elle-même composée d'une terre chloritique impure, grenue, mêlée de calcaire; et on le voit si distinctement au Val-Nera, que c'est dans ce lieu que m'est venue la première idée du rapprochement que je soumets au jugement des naturalistes.

Augmentons la proportion du calcaire aux dépens de celle de la terre verte, et nous aurons une roche à très-peu près semblable au calcaire grossier, souvent mêlé d'une multitude de grains verts, et que nous avons désigné sous le nom de calcaire chlorité (1).

Ce calcaire est mêlé, comme à Ronca, d'une multitude de coquilles; c'est lui qui renferme, comme à Ronca, les Nummulites; c'est lui qui, à Meudon, à Maffliers près de Beaumont-sur-Oise, à Gisors, etc., est pénétré de calcaire spathique, c'est-à-dire de calcaire cristallisé, composant ces nodules solides qu'on voit au milieu des couches meubles et friables qu'il forme généralement. C'est lui qui est souvent mêlé d'une si grande quantité de fer oxidé qu'il en prend une teinte d'un rouge de rouille et qu'il semble passer à l'ocre; c'est lui enfin qui recouvre immédiatement les sables siliceux, l'argile plastique et les Lignites; circonstances qui accompagnent presque toujours les terrains basaltiques.

Dans la Hesse, au Meisner, le Basalte est sur de l'argile plastique, du Lignite, etc. L'argile de Gross-Almerode, célèbre par les creusets qu'on en fabrique, et qui sont si connus sous le nom de creusets de Hesse, est une suite de ce dépôt, presque immédiatement inférieur au Basalte. Près de Cassel, dans le parc de la résidence du souverain, on voit le Basalte sur un grès qui représente le sable. Dans la Saxe, au Scheibenberg, et dans bien d'autres lieux, le Basalte est placé sur des lits d'argile, de sable et de Lignite. Notre calcaire grossier chloritique inférieur semble donc représenter le terrain trappéen, et d'une manière si complète dans l'ensemble des caractères géologiques, c'est-à-dire de sa nature et de sa position, que ce rapport constant de deux terrains si différens ne peut être observé sans étonnement.

Enfin les rapports négatifs paraissent aussi constans que les positifs. Le sable et les marnes argileuses de la formation marine supérieure sont presque toujours mêlés de mica, tant aux environs de Paris qu'en Italie et près de Vienne en Autriche, comme l'a fait voir M. Prevost. Ce minéral manque au contraire, ou du moins est assez rare dans les argiles, sablés et grès inférieurs, aux environs de Paris; et nous n'en avons remarqué aucun indice, ni dans les roches solides, ni dans les terrains meubles de la formation calcaréo-trappéenne de l'Italie septentrionale.

(1) Nous avons proposé de lui donner un nom moins précis, moins significatif, et plus approprié à notre manière de classer et de spécifier les roches mélangées, en nommant cette roche *Glauconie*. (*Descript. géol. des env. de Paris*, éd. de 1822, pag. 15 et 85.)

4

Ainsi toutes les analogies minéralogiques et géographiques nous portent à admettre non-seulement que le terrain calcaréo-trappéen du pied des Alpes lombardes appartient au terrain de sédiment supérieur, ou terrain tertiaire (et nous avons dit que c'était aussi l'opinion de M. Buckland), mais qu'il devait être rapporté à la sous-formation inférieure de ce terrain, à celle qui est antérieure aux Paléothériums et au Gypse.

Ce rapprochement nous explique pourquoi, parmi tant de coquilles de Ronca, de Castel-Gomberto, etc., il y en a si peu de parfaitement semblables à celles des collines subapennines qui sont si voisines, et qui n'en semblent séparées que par une vallée de quelques lieues; pourquoi, par conséquent, si peu de ces coquilles se trouvent décrites dans la Conchiologie subapennine de Brocchi, qui n'a parlé que de ces dernières, et pourquoi au contraire il y en a beaucoup de parfaitement semblables à celles du bassin de Paris, qui en est très-loin et qui en est séparé par la chaîne des Alpes.

Ces observations nous offrent une nouvelle preuve de la ressemblance des phénomènes géologiques dans des lieux très-éloignés, et une nouvelle application fort remarquable de cette règle géologique, que les distances verticales, quelque petites qu'elles soient, établissent de grandes différences, tandis que les distances horizontales n'en apportent presque aucune.

ESQUISSE DE LA STRUCTURE DE LA COLLINE DE SUPERGUE PRÈS TURIN.

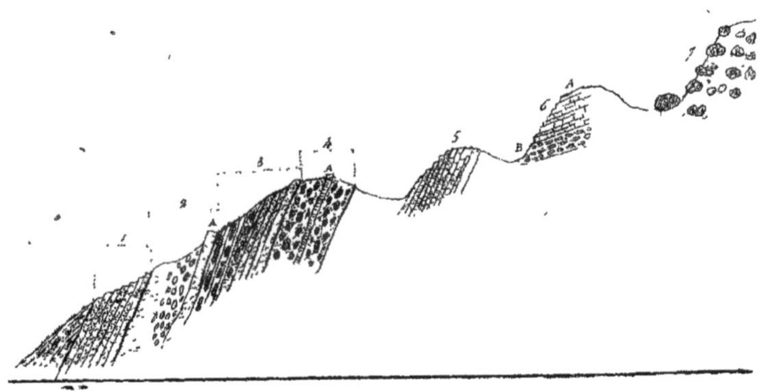

DEUXIÈME PARTIE.

SUR QUELQUES TERRAINS DES ENVIRONS DE TURIN, DE MAYENCE, DES ALPES, etc.,

Qui offrent certaines particularités, comparés avec les terrains de sédiment supérieurs des environs de Paris.

Les terrains que je viens de décrire comme appartenant à la formation de sédiment la plus nouvelle offrent une réunion de particularités qui m'a engagé à réunir aussi leur description dans le même chapitre. Ceux dont je vais parler comme appartenant à cette même formation, ou comme présumés lui appartenir, présentent au contraire chacun des caractères particuliers qui masquent quelquefois les caractères essentiels, et qui demandent à être appréciés d'après les règles géologiques que j'ai posées ou rappelées dans le premier article. Ce sont ces circonstances qui m'ont engagé à choisir ces terrains parmi ceux que j'ai eu occasion d'observer, et à les décrire particulièrement.

§ I. *Sur la colline de Supergue près Turin.*

La colline dite de la *Superga*, ou montagne de Turin, située à une lieue à l'Est-nord-est de cette ville, remarquable par sa hauteur (450 mètres environ au-dessus de Turin), et célèbre par le monument religieux construit sur son sommet, fait, tant par sa position géographique que par sa structure géologique, *le passage assez naturel des ter-rains calcaréo-trappéens, parties inférieures de la dernière formation de sédiment, aux terrains calcaréo-siliceux, partie supérieure de cette même formation.*

Elle est placée dans l'angle rentrant et à la bifurcation des collines qui forment les deux bords de la vallée du Pô. Celles du Nord, ou de la rive gauche, ou subalpines, paraissent appartenir principalement aux terrains de sédiment supérieurs antérieurs au Gypse ; celles du Sud, ou de la rive droite, ou subapennines, aux terrains calcaréo-siliceux ou postérieurs au Gypse à ossement.

Nous allons trouver dans la colline de Supergue des roches, des minéraux et des coquilles qui appartiennent à ces deux sous-formations, et qui semblent la lier, comme je viens de le dire, à ces deux rangs de collines.

Il ne faut pas s'attendre, du moins de ma part, à une description qui présente clai-

4.

rement cette disposition. Deux raisons s'y opposent. Premièrement les terrains de cette colline ont éprouvé, par des causes qu'on peut facilement entrevoir , des dérangemens considérables, un bouleversement dont les signes sont évidens, et qui rendent l'étude et la distinction des formations, terrains et couches qui la composent très-difficiles à opérer. En second lieu, je ne l'ai vue qu'en voyageant; et sans l'habitude que j'ai dû acquérir de reconnaître les terrains de sédiment supérieurs, il m'eût été difficile d'apercevoir les caractères de celui-ci. C'est aux géologues habiles et pleins de zèle de l'Académie de Turin à constater par leurs recherches et leurs observations l'exactitude de mes aperçus, et à faire connaître avec les détails suffisans la structure compliquée et intéressante de cette colline; mais je crois en avoir vu assez pour atteindre le but que je me proposais, celui d'assigner à quelle classe de terrain on pouvait rapporter cette montagne principale du Montferrat, et par conséquent le Montferrat lui-même.

Je dois, pour y arriver, présenter d'abord une coupe ou esquisse figurative et une énumération des principales roches que j'ai observées en montant au sommet de cette colline par sa face occidentale.

Voy. page 26.

Nº 1. Dès que l'on commence à monter, on voit une marne micacée, tendre, en lits minces, fragmentaires, très-fortement inclinés vers le Pô; cette roche montre quelques empreintes qui paraissent végétales, et quelques débris de coquilles.

Nº 2. On trouve, et par conséquent au-dessous, un banc de sable stéatiteux assez grossier, mêlé de quartz, renfermant des débris de coquilles marines, et quelques petits cailloux roulés. Ce banc, qui est en stratification concordante avec le précédent, renferme vers sa partie inférieure un lit du même sable, mais plus fortement agrégé, A, et faisant saillie à la surface. Les grains de serpentine y sont très-distincts, de la grosseur d'un grain de millet , et mêlés de très-peu de mica.

Nº 3. Vient ensuite, et par conséquent au-dessous des précédens , la stratification restant la même et ne présentant aucune interruption sensible, un lit de marne argileuse micacée , renfermant des plaquettes noduleuses ou même de petits lits noduleux d'une marne calcaire , celluleuse et même cloisonnée, qui contient peut-être de la strontiane, ou qui est accompagnée dans d'autres parties du Montferrat de strontiane sulfatée compacte assez semblable à celle de Montmartre (1).

Cette disposition paraît se répéter plusieurs fois sans différences très-notables; mais les couches semblent prendre peu à peu plus de puissance, en sorte qu'on voit bientôt des bancs épais de sable stéatiteux et siliceux (nº 4), renfermant des cailloux roulés , ovulaires et même céphalaires (2), avec des fragmens de coquilles, de madrépores , et des lits de marne dure et pesante , A.

En montant toujours , mais en passant sur une autre colline qui domine celle que l'on vient de quitter , et qui n'en est séparée que par un vallon élevé et très-peu profond, on retrouve la marne micacée (nº 5). Elle est verdâtre, plus dure, et passe au Psammite mollasse. Elle est assez feuilletée, très-fragmentaire , renferme des débris

---

(1) Je tiens ce fait, et l'échantillon qui le confirme, de M. Borson.

(2) J'ai cru commode pour la description de désigner par des noms particuliers le volume des cailloux roulés, dominant dans une couche. Il est nécessaire dans certains cas, comme on en verra bientôt un

de coquilles, et ressemble presque en tout à ces marnes des collines subapennines qui contiennent tant de coquilles marines.

N° 6. On passe encore sur une autre colline, quoique d'une manière moins sensible, et on retrouve la même roche à une plus grande élévation. Elle paraît donc indépendante des collines précédentes, et, quoique dans une situation plus élevée, il n'est pas sûr qu'elle soit placée sur les marnes n° 5. Cela est d'autant moins probable que la stratification de cette marne n'est plus parallèle à celle des précédentes; elle nous a paru beaucoup moins inclinée, quoique tombant toujours vers la vallée du Pô.

Mais après avoir encore passé une partie moins inclinée, même presque horizontale, ce qui indique, comme aux environs de Paris et comme presque partout, un changement de terrain, on arrive sur la partie de la montagne qui paraît être très-voisine du vrai sommet. On ne trouve plus dans cette troisième ou quatrième montée (n° 7), ni marne, ni aucune roche solide de sédiment, mais seulement vers sa base un sable siliceux et stéatiteux, qui renferme une grande quantité de cailloux arrondis ovulaires et céphalaires (B), et qui semble passer sous les marnes ou Psammites mollasses feuilletées (A) de la partie n° 6. Ces cailloux sont presque tous d'ophiolite diallagique assez dure ; on ne voit plus dans le sable qui les enveloppe aucun indice de corps marin.

En montant, la quantité et la grosseur des cailloux ou morceaux de roches arrondis va en augmentant. Le plus grand nombre de ces roches appartiennent par leur volume aux cailloux péponaires et même aux métriques ; et , outre les ophiolites qui sont dominans, on y voit aussi des gneiss, des micaschistes, etc.

Enfin en examinant, du sommet de cette montagne, sa base et celle des collines qui l'environnent, on ne peut douter qu'elle ne soit composée de bancs de marne micacée, de Psammites mollasses, de Psammites ophioliteux renfermant des coquilles marines fossiles, et que ses lits supérieurs n'appartiennent, non pas aux terrains de sédiment, mais aux terrains de transport anciens ; dénomination qu'on ne peut appliquer aux terrains qui en forment la base, et qui, par la manière dont les coquilles

exemple, d'indiquer ce volume, et sans noms comparatifs on ne pourrait le faire. La désignation par la mesure de leur diamètre emporte une idee d'exactitude qu'on ne peut admettre sans erreur, car il n'y en a pas deux de même diamètre, et il y a cependant un volume dominant ; c'est donc ce volume qu'il faut indiquer par des comparaisons avec des objets très-connus, ou même avec des limites de mesure.

J'ai adopté jusqu'à présent les termes de comparaison suivans, en allant du plus petit au plus gros.

J'appelle *cailloux* ou fragmens *arrondis* par transport ou autrement :

Pisaires, ceux qui sont de la grosseur d'un pois.

Avellanaires . . . . . de la grosseur d'une noisette.

Ovulaires. . . . . . . de la grosseur d'un œuf de poule.

Pugillaires . . . . . . de la grosseur du poing.

Céphalaires. . . . . . de la grosseur de la tête d'un homme.

Péponaires . . . . . . de la grosseur d'un potiron (*Cucurbita pepo*).

Métriques. . . . . . . dont le diamètre est d'environ un mètre.

Bimétriques. . . . . . dont le diamètre est d'environ deux mètres.

Gigantesques . . . . . dont le diamètre passe deux metres.

On voit que ces expressions n'ont d'autre objet que d'eviter des périphrases, et de désigner, une fois pour toutes, les divers degrés de dimensions qu'on veut exprimer.

fossiles y sont disposées et conservées, paraissent avoir été déposés par voie de sédiment assez tranquille sur le lieu même où on les observe.

Cette coupe et la description que je viens d'en faire ne peuvent donner une idée complète de la colline de Supergue ; mais elle conduit à plusieurs résultats.

On voit d'abord qu'en présentant l'ordre de succession des couches qu'on rencontre, elle ne présente pas pour cela leur ordre de superposition. Ainsi, en allant du n° 1 au n° 4, on paraît suivre la série des couches d'une même masse, des plus supérieures qui sont les plus basses, aux plus inférieures qui sont les plus hautes; mais entre le n° 4 et le n° 5 il y a une interruption causée par un vallon. Rien ne nous dit alors que les assises n° 5 soient inférieures à celles du n° 4. Elles peuvent avoir fait partie du sommet d'une autre colline et être identiques avec celles du n° 1. C'est ce que leur nature minéralogique semble indiquer.

Dans une autre partie n° 6, séparée de la colline n° 5 par une dépression ou petit vallon, on prend, à cause de leur stratification presque horizontale, la série des couches des inférieures aux supérieures, au lieu de la prendre, comme dans la colline n° 1, 2, etc., des supérieures aux inférieures.

Enfin le n° 7 est encore séparé des autres par un vallon, et il en est en outre très-distinct par sa structure; il forme le véritable sommet et probablement les sommets de toutes les hautes collines du Montferrat.

Après ces observations sur la structure irrégulière de cette colline et les précautions qu'il faut prendre pour saisir le véritable ordre de superposition des couches, nous appellerons l'attention des géologues sur trois objets principaux.

1° La présence des cailloux et portions de rochers évidemment arrondis par le frottement, et non par l'influence des météores atmosphériques qu'on rencontre sur cette colline, nous offre elle-même deux sortes de considérations.

On remarquera que la grosseur de ces cailloux va toujours en augmentant à mesure qu'on monte. Au n° 4 et au n° 6 ils sont gros comme des œufs et tout au plus comme la tête; mais au n° 7, vers le sommet, ils présentent le volume d'un potiron, et souvent celui d'un sphéroïde dont le diamètre est de plus d'un mètre. Les roches qui composent les cailloux et les blocs roulés les plus élevés appartiennent à des espèces qu'on regarde généralement comme de plus ancienne formation ; ce sont des Gneiss, des Micaschites, etc. : en sorte qu'on peut dire qu'ici les roches anciennes sont sur les nouvelles, et les grosses masses sur les petites. Mais ce qu'il y a de plus remarquable, c'est que cette singulière superposition n'est point un fait isolé; je l'ai observée dans un assez grand nombre de lieux très-éloignés les uns des autres, et que je rapporterais ici si cette digression ne m'éloignait pas trop de mon sujet.

2° La plus grande partie des fragmens et cailloux qui composent les roches d'agrégation de cette montagne appartient aux Ophiolites ; et quand on examine de près les nombreux grains verdâtres qui entrent souvent dans la composition des roches calcaires, qui pénètrent presque constamment dans l'intérieur des coquilles, et qui font si aisément reconnaître tous les fossiles de cette montagne, on voit que ces grains verts ne diffèrent pas des cailloux d'ophiolites ; on voit aussi qu'ils ont la plus grande

ressemblance et avec la terre grenue et verdâtre qui compose les Breccioles du Vicentin, et avec les grains verts qui sont si abondamment disséminés dans les assises inférieures de la roche calcaire des environs de Paris. Ainsi, comme je l'ai dit au commencement de cet article, la colline de Supergue se lie aux collines calcaréo-trappéennes
du Vicentin par une Brecciole serpentineuse analogue à celle de ces collines ; elle se
lie aux collines subapennines par la marne micacée, les Psammites mollasses, etc.

3° Enfin vient l'examen des coquilles fossiles éparses dans les roches d'agrégation de
cette montagne ; elles sont toutes remarquables et reconnaissables par les grains verts
d'ophiolites qui les remplissent; elles le sont aussi par la nature de leur test changé en
calcaire spathique. Ce changement semble l'avoir gonflé, et a souvent fait disparaître
ou au moins fortement émoussé les arêtes, les stries, les sillons et autres ornemens
saillans des coquilles.

En examinant ces coquilles, dont je donne ici une énumération encore incomplète,
mais suffisante pour mon objet, on retrouve tous les genres du terrain de sédiment
supérieur, souvent les mêmes espèces, ou au moins des espèces tellement voisines qu'il
est difficile d'établir leurs différences spécifiques.

On retrouve donc encore dans la colline de Supergue, malgré l'apparence si
étrange de ses roches, malgré le désordre de sa structure, on retrouve, dis-je, le
terrain de sédiment supérieur. Les espèces de fossiles et la présence des grains verdâtres indiquent qu'elle appartient en outre à la division inférieure de ce terrain; mais
il serait possible que les deux divisions fussent réunies dans cette colline comme
elles le sont aux environs de Paris, et que la marne et le Psammite mollasse et micacé
que nous avons indiqué dans les n°[s] 1, 2, 3, 4, 5 et 6, et qui se trouve à la partie la
plus supérieure de cet assemblage de couches, représentât la division supérieure de ce
terrain : mais ce n'est qu'une conjecture; une étude longue et suivie de cette colline
et de celles qui l'entourent peut seule la détruire ou la changer en certitude.

Corps organisés fossiles de la montagne ou colline de Turin nommée la Supergue.

Nautilus Pompilius. Borson, *Orittog. Piem.*, pag. 114, n° 4.—Vers le sommet de la
    colline, il n'est pas sûr que ce soit le *Nautilus Pompilius* de Linné; cela est même
    peu probable, et celui que j'ai vu dans la collection de M. Deluc, à Genève,
    m'a paru plus comprimé; mais la présence de ce genre sur la colline de Turin
    est assez importante pour appuyer l'opinion que le terrain de cette colline appar-
    tient à la partie inférieure des terrains de sédiment supérieurs.

Turbo Amedei. A. Br.

Turritella cathedralis, A. Br.—et d'après M. Borson les espèces suivantes :

— *fasciata.* Bors. tav. II, f. 12.

— *funiculata.* Bors. tav. II, f. 13.

— *imbricata* (*turbo,* Linn.) suiv. Borson, mais avec doute.

— *imbricataria.* Lam. suiv. Bors.

— *tricarinata* (*turbo,* Brocc.) suiv. Bors.

Trochus Benettiæ. Sow.—M. Borson le regarde comme le *Trochus agglutinans* de Lamarck.

— *carinatus.* Bors.—A.Br.

Ampullaria patula. Lam. ? suiv. Bors.

— *sulcata.* Bors. p. 103, n° 5.

Melania costata. Bors. tav. II, f. 14. Peut-être la même que l'espèce que j'ai nommée *Melania stygii.*

Natica epiglottina. Lam.

— *canrena.* Linn. ? suiv. Borson.

Conus deperditus. Brocc.

— *Noæ.* Brocc.

— *virginalis.* Brocc. suiv. Borson.

— *Baldichieri.* Bors. tav. I, f. 1.

— *Avellana.* Lam. suiv. Bors.

— *parvus.* Bors.

— *pyramidalis.* Lam. suiv. Bors.

Cypræa Annulus. Brocc.

— *lyncoides.* A.Br.

— *annularia.* A.Br.

Oliva picholina. A.Br.

— *cylindracea.* Bors. tav. I, f. 6.

Anolax inflata. (*Ancilla,* Bors.)

Voluta affinis. Brocc.

— *Citharella.* A.Br.

— *papillaris.* Bors. tav. I, f. 8.

— *Lyra.* Lam. suiv. Bors.

Marginella Phaseolus. A.Br.

Mitra pyramidella. Brocc. suiv. Borson.

Ranella marginata. Lam. (*buccinum.* Brocc.)

Harpa Cythara. Bors. (*buccinum.* Brocc.)

Nassa Caronis. A.Br.

— *semistriata.* Bors.

Murex tortuosus. Bors. tav. I, f. 4. } Il ne dit pas précisément que ces Murex
— *bicaudatus.* Bors. tav. I, f. 5. } viennent de la colline de Turin, mais des collines du Piémont à l'état spathique.

Terebra cinerea. (*buccinum.* Linn.) suiv. Borson.

— *acuminata.* Bors. tav. I, f. 17.

Cerithium nodosum. var. Bors. tav. I, f. 23.

Fusus tornatus. Bors. tav. I, f. 13.

Pleurotoma.... murici reticulato. Brocchi, *affinis* suiv. Borson.

Pyrula condita. A.Br.

— *ficoides.* Brocc. suiv. Bors., si toutefois ce n'est pas la même espèce que la pré-
cédente.
Strombus Bonelli. A.Br.
Halyotis tuberculata, suiv. Deluc et Borson. L'échantillon que j'ai vu dans la col-
lection de M. Deluc m'a paru entièrement semblable à l'espèce vivante.
Patella sulcata. Bors. A.Br.
Pecten plebeius. Lam.
Pectunculus pulvinatus. Lam. var. *taurinensis.* A.Br.
Lucina scopulorum. A.Br.
Cytherea crycinoides. Lam. — A.Br.
Dentalium Radula. Linn. suiv. Borson, et d'autres espèces vers la cime de la colline,
à une grande profondeur.
Lunulites radiata. Lam.

Ce rapprochement paraît donc confirmer de nouveau que la plus grande partie de
la colline de Turin doit être rapportée, comme je l'ai indiqué plus haut, à la division
inférieure du terrain de sédiment supérieur; car si elle appartenait à la division supérieure, à celle à laquelle M. Prevost et moi présumons qu'appartiennent les collines
subapennines, il y a lieu de croire que la plupart de ces coquilles eussent présenté
des espèces décrites par M. Brocchi.

Il n'y a pas de doute que le nombre des espèces de corps marins qu'on peut trouver fossiles dans la colline de Turin ne soit plus considérable que celui qu'indique
la liste précédente; mais comme mon but n'était pas de les donner tous, que mes
moyens même ne me l'eussent pas permis, ceux que comprend cette liste suffisent
pour caractériser ce terrain, et c'était là mon principal objet. Néanmoins il y a deux
choses à considérer dans l'ensemble de ces corps. Premièrement, M. Borson, qui a
donné la description des coquilles univalves du Piémont, parmi 327 espèces qu'il a décrites ou nommées, n'en cite qu'environ 40 comme appartenant à la colline de Turin. Secondement, très-peu de ces coquilles (8 à 10 seulement) sont comprises dans
la liste des coquilles subapennines décrites ou citées par M. Brocchi, quoique ce naturaliste ait fait entrer dans son énumération les coquilles de l'Astezan, à huit à dix
lieues seulement de la colline de Turin.

§ II. *Sur quelques terrains des environs de Mayence,*

Je n'ai vu du terrain de Mayence dont je vais parler que les collines du Weisenau,
qui sont au Sud-Est de cette ville. Mais telle est maintenant la confiance qu'on peut
avoir dans les règles de la géologie déduites de la nature des corps organisés, que
lors même que je n'aurais pas été sur les lieux, lors même que je n'aurais pas eu les
renseignemens que nous fournissent MM. Deluc, Faujas, de Férussac, etc., qui
ont écrit sur ce terrain, il me suffirait des échantillons nombreux qui m'ont été
envoyés par M. Léonhard, pour reconnaître avec une très-grande probabilité à quelle
formation ce terrain appartient.

5

Cependant le rapprochement n'est pas aussi facile qu'on pourrait le présumer d'après ce que je viens de dire : une circonstance complique la question. On trouve ici un de ces mélanges de coquilles marines et de coquilles terrestres ou d'eau douce, qui paraissent embarrassans au premier aspect. C'est donc le cas où l'étude du terrain sur le lieu même devient, sinon indispensable, au moins très-utile.

D'après ce que j'ai vu auprès de Mayence, d'après ce qu'en ont dit les naturalistes que j'ai cités, et surtout d'après les nombreux échantillons que j'ai sous les yeux, et que je dois à la bienveillance de M. Léonhard, on peut reconnaître, dans la série des couches qui composent la formation de sédiment supérieur de Mayence, deux roches assez différentes, qui indiquent deux époques, ou au moins deux circonstances de formation également différentes ;

Le *premier groupe* consiste en roches calcaires très-dures, très-denses, en partie compactes, en partie surbamellaires, à très-petites lames brillantes, mêlées de sable quarzeux en assez grande quantité, et d'une couleur gris noirâtre, ou brun rougeâtre. Elles passent à la couleur de brique pâle. En prenant cette dernière couleur, ces roches deviennent moins denses, moins compactes, et perdent toute partie cristalline.

Ces deux variétés, qui appartiennent bien à la même roche, puisque le même échantillon les présente réunies, renferment deux sortes de débris : les uns sont des fragmens assez abondans, du moins dans les échantillons que j'ai étudiés, de roches trappéennes et basaltiques noires ; les autres, des coquilles ou parties de coquilles en quantités considérables, disséminées dans la masse. De ces coquilles, les unes ont conservé leur éclat nacré et leur couleur irisée, ce sont les *trochus* et les *turbo* ; les autres, blanches et friables, se distinguent très-bien par cette couleur sur le fond noirâtre et brun-rougeâtre de la pâte. Toutes sont entièrement remplies de la pâte, y adhèrent très-fortement, en sorte qu'il est difficile de les isoler pour en déterminer les espèces ; cependant on en voit assez pour reconnaître que toutes ces coquilles sont marines, et qu'elles sont généralement différentes de celles qui se trouvent dans l'autre division des calcaires. Je vais d'ailleurs donner une énumération des espèces aussi exacte que l'état des échantillons et des coquilles le permet. Mais on n'a pas besoin de recourir à cette énumération pour reconnaître entre ce calcaire et le terrain calcaréo-trappéen du Vicentin une analogie réelle, malgré des différences extérieures assez notables : c'est à peu près la même couleur, la même apparence de conglomérat ; des fragmens de roche trappéenne dans l'un comme dans l'autre, et enfin les coquilles de la même époque enveloppées de la même manière. La même association de terrain existe dans les deux pays. Les terrains basaltiques trappéens, avec toutes leurs variétés, touchent à ce terrain calcaréo-trappéen, dont tous les échantillons viennent de Weinheim, près d'Alzey, et celui-ci au calcaire presque pur qu'on voit près de Mayence ; et Deluc a reconnu l'alternance des terrains volcaniques et des terrains de calcaire marin, comme dans le Vicentin, à Sandhof, près Francfort.

Corps organisés fossiles du terrain calcaréo-trappéen, et du calcaire grossier qui l'accompagne à Weinheim, au Sud de Mayence.

Trochus excavatus. Schlot. — A.Br. (pl. vi, fig. 10.)
   — *pseudozizyphus.* Schlot.
Ampullaria crassatina. Lam.
Conus.
Murex.
Cancellaria?
Fusus?
Cerithium cinctum. Lam.
   — *margaritaceum?* Brocchi — (pl. vi, fig. 11).
   — *plicatum.* Lam. — (pl. vi, fig. 12).
Patella. . . . . . . Moule intérieur. Il n'est pas possible de déterminer l'espèce, mais on ne peut douter du genre.
Ostrea ponderosa. Schlot.
Pectunculus pulvinatus? Lam.
   — *angusticostatus.* Lam.
Mytilus Faujasii. — A.Br. (pl. vi, fig. 13).
Cardium.
Cytherea? nitidula? Lam.

Le second groupe est composé de roches calcaires, sans apparence de roches étrangères, et constitue les collines qui entourent Mayence, et que j'ai eu l'avantage d'examiner sur les lieux.

Le terrain calcaire qui appartient à la formation qui nous occupe, et au seul canton que j'aie en vue, commence à l'Ouest de Mayence, à Nieder-Ingelheim ; le plateau sur lequel on monte en sortant de ce village du côté de Mayence m'a paru composé comme les collines qui sont au Sud et à l'Est de cette ville (1).

(1) Cet article était rédigé lorsque j'ai eu connaissance de la *Dissertation de M. J. de Steininger sur les terrains entre le Rhin et la Meuse*, publiée à Mayence en 1822. Il établit d'une manière claire, dans la carte jointe à son ouvrage, les limites des terrains qui font le sujet de cet article, et indique leur étendue sur la rive gauche du Rhin, depuis Nieder-Ingelheim jusqu'à Landau, où ils forment une bande qui est à peu près parallèle au Rhin, et sur la rive droite de ce fleuve, dans l'angle que fait le Mein en s'y jetant, depuis Erbach jusqu'aux environs de Francfort.

M. Steininger (pag. 69) paraît ne pas admettre une alternance de formation marine et de formation d'eau douce, mais tout au plus une succession de la dernière à la première. Il fait remarquer ensuite que les terrains calcaires des vallées du Rhin et du Mein indiquent une formation locale qui n'a de rapport avec les autres formations d'eau douce que l'époque et le nom, qu'elle ne présente aucun caractère des autres formations lacustres, tandis qu'elle offre tous ceux des calcaires grossiers des environs de Paris, etc.

Je suis flatté de me rencontrer, dans la partie fondamentale de mon opinion sur ce terrain, avec un géologue aussi distingué que M. Steininger, et je suis disposé à en abandonner les parties accessoires qui ne seraient pas d'accord avec la manière de voir d'une personne qui habite sur les lieux et qui sait si bien les ob-

Le Weisenau fait partie de ces dernières, et c'est celui dont j'ai étudié les couches (1).

Je ne les détaillerai pas, je me contenterai d'indiquer les principaux groupes et leurs particularités les plus remarquables.

On observe dans cette colline, en allant des couches inférieures visibles aux plus superficielles :

1° Un banc de calcaire grossier, d'un jaunâtre clair, très-dense et très-solide, renfermant une multitude de petites Paludines (Bulimes FAUJAS).

2° Un banc de calcaire semblable au précédent, renfermant très-peu de Paludines, quelques petites Ampullaires, mais une grande quantité du *Mytilus Brardii*. (Pl. VI, fig. 14.)

3° Un banc de calcaire d'un jaune grisâtre, très-dense, très-solide, renfermant presque uniquement des Cérithes. (*Cerithium cinctum ?*)

4° Un banc de calcaire assez semblable au précédent, mais mêlé de calcaire spathique, qui se reconnaît aux points éclatans qu'il fait voir à la lumière, renfermant le mélange des trois genres précédens ; les Paludines y dominent.

Viennent ensuite ,

5° Un sable calcaire renfermant des Lucines et des Moules.

6° Un banc de calcaire qui ne montre aucune coquille.

7° Un banc de calcaire grossier solide , qui contient des Cérithes et des *Hélices.*

8° Plusieurs couches de marnes calcaires et sablonneuses.

Puis ,

9° Un lit de peu d'épaisseur d'un calcaire à texture très-grossière, mais cependant très-solide , et presque entièrement et uniquement composé de Paludines, les mêmes que celles du banc n° 1.

10° Après quelques bancs qui ne présentent rien de remarquable , vient

11° Un banc de calcaire gris, dense, renfermant l'association des Paludines et des Hélices.

Ensuite ,

12° Un banc puissant d'un calcaire gris-pâle , tirant sur le jaunâtre , très - dense , très-solide , infiltré de calcaire spathique , comme le n° 4, et présentant de nouveau l'association des Paludines et du *Mytilus Brardii*. On y voit aussi quelques Hélices, surtout dans la partie supérieure.

13° Calcaire grossier à texture lâche, d'un jaunâtre sale , mêlé de sable, et comme pétri de débris de coquilles bivalves, qui sont principalement des Cythérées, des Vénus ou des Cyrènes , car je n'ai pu en voir la charnière, et des Paludines.

server. J'avais déjà mis cette conséquence en avant, pag. 196 de la nouvelle édition de la *Description géologique des environs de Paris*, qui a paru en avril 1822, en plaçant l'indication des terrains de Mayence à la suite du calcaire grossier de sédiment supérieur, et en promettant dans un mémoire spécial le développement de mes motifs.

(1) J'étais avec M. Constant Prevost, qui s'est fait connaître depuis par des travaux de géologie zoologique fort remarquables, sur les environs de Vienne en Autriche, sur les environs de Paris, sur les côtes de Normandie, etc. Cette circonstance donnera plus de confiance dans les observations que je vais rapporter.

14° Banc de calcaire grossier, d'un blanc jaunâtre, extrêmement friable, entièrement composé de débris de coquilles, presque uniquement de petites Paludines.

Enfin la colline est surmontée de lits de sable marneux, zonés de blanchâtre et de
jaunâtre, renfermant de nombreux débris de Paludines, ou quelquefois de lits entièrement et uniquement composés de ces petites Paludines agrégées.

Telle est la composition de la colline du Weisenau près Mayence. On y remarque
peu d'espèces de coquilles; les Hélices, et les coquilles marines y sont rares; mais la
séparation des trois genres de coquilles dominans, les *Mytilus Brardii*, les *Cerithium*,
et surtout les Paludines dans des assises distinctes, ensuite leur mélange, puis la
répétition de bancs uniquement et presque entièrement composés de Paludines, sont
des circonstances remarquables, quoiqu'on n'en saisisse pas encore la théorie; c'est
en rassemblant ces faits qu'on peut espérer de parvenir à la découvrir.

Les terrains calcaires des environs de Mayence offrent d'autres particularités dans
la réunion des coquilles qu'ils renferment. Ainsi, entre Mayence et le Weisenau,
on trouve, presque à la surface du sol, encore les Paludines mêlées de Nérites, qui ont
conservé leur couleur;

Puis, et au-dessus de ce dépôt, un lit assez mince d'un calcaire grossier très-dense,
très-solide, qui, au premier aspect, paraît être un calcaire oolithique grisâtre, dont
les grains seraient intimement liés par un ciment de calcaire spathique; mais quand
on examine de près ces grains, on voit qu'ils sont tous ovales (quelques-uns sont un peu
réniformes, creux), et qu'ils s'ouvrent facilement en deux parties; on y reconnaît alors le test d'une multitude de *Cypris faba* fortement liés ensemble par une
infiltration calcaire.

La couleur, la texture et l'aspect luisant du ciment calcaire qui lie entre eux les
tests de Cypris, établissent entre cette roche et celle de Vichy une ressemblance frappante (1).

La présence des Cypris dans les terrains où se rencontrent d'autres habitans des eaux
douces devient un fait dont les exemples sont nombreux. M. Desmarest l'a reconnu
le premier dans un calcaire lacustre de Gergovia en Auvergne. Je l'ai trouvé depuis
dans le terrain gypseux lacustre des environs du Puy-en-Velay (2), dans le terrain lacustre d'Aix en Provence (3), dans le terrain lacustre du Locle, canton de Neufchâtel (4);
et je l'ai vu dans un calcaire lacustre solide, à grains grossiers, du lieu dit le Vernet,
près Vichy (5), département de l'Allier; les Cypris y ont l'aspect de petits grains
réniformes, bruns et luisans.

Enfin, dans d'autres points, ce même calcaire blanchâtre ou grisâtre, à texture très-
grossière, composé de débris de coquilles et renfermant une assez grande quantité

(1) *Description géologique des environs de Paris*, par MM. CUVIER et BRONGNIART, édition de 1822, 1 vol.
in-4°, page 301.
(2) *Ibid.*, page 260.
(3) *Ibid.*, page 261.
(4) *Ibid.*, page 306.
(5) *Ibid.*, page 301. Je tiens cet exemple, et les échantillons qui me l'ont fait connaître, de M. Berthier.

d'Hélices très-semblables à l'H. *Moroguesi*, mêlé principalement de Paludines, mais de peu d'autres coquilles.

D'autres collines, ou d'autres parties de cette même colline, présentent des associations de coquilles un peu différentes de celles qui se montrent dans les couches du Weisenau, que l'on vient de décrire.

Ainsi à Laubenheim on voit, dans un calcaire semblable aux précédens, et tantôt réunies dans les mêmes couches, tantôt divisées dans des couches distinctes, des Paludines, quelques Hélices, avec des Cérithes (le *Cerithium plicatum* et le *Cer. margaritaceum*) et le *Mytilus Brardii*.

Dans d'autres parties le *Mytilus Faujasii*, ayant conservé son éclat nacré, mêlé de Paludines, est tantôt dominant et tantôt en quantité inférieure aux Paludines.

En général, les coquilles d'eau douce ou terrestres et les coquilles marines m'ont paru rarement mêlées en proportions égales dans les mêmes couches, où les unes dominent, les autres sont rares, et même tout-à-fait nulles.

Voici donc un terrain qui présente dans ses couches, et dans un véritable état de mélange, des productions évidemment marines et des productions évidemment fluviatiles et terrestres. Ce mélange a été remarqué depuis long-temps; et Deluc, dont les ouvrages renferment un grand nombre de véritables découvertes en géologie, l'avait très-bien reconnu et décrit (1); mais on doit observer que ce mélange des coquilles marines et des coquilles d'eau douce, quoique réel, n'est pas aussi général, aussi irrégulier qu'on pourrait le croire à une première vue.

Les roches calcaréo-trappéennes de Weinheim, etc., qui renferment un assez grand nombre d'espèces de coquilles marines, qui ont un caractère particulier de fond de haute mer, n'offrent aucune coquille, ni terrestre, ni fluviatile. L'énumération que nous avons donnée des genres et des espèces l'établit d'une manière assez sûre. Les calcaires grossiers à tissu lâche des environs de Mayence, qui n'indiquent aucun mélange trappéen, offrent au contraire peu d'espèces de coquilles marines ; nous n'en avons compté que cinq, deux Cérithes et deux Moules, coquilles de rivage, et une bivalve de genre incertain, mais une quantité considérable de coquilles de marais salés et quelques coquilles terrestres.

Ces roches calcaires, celles mêmes des assises supérieures, ont une texture lâche et grossière, une stratification à couches minces nombreuses, très-parallèles, variant beaucoup dans leur texture d'une couche à l'autre, séparées même par des petits lits de roche calcaréo-sableuse presque désagrégée ; tous ces caractères de terrains sont ceux que présente la formation du calcaire marin des terrains de sédiment supérieur. On n'y voit nulle part, et dans les lieux que j'ai visités, et dans les échantillons nom-

(1) Il avait remarqué dans la pierre à chaux d'Oppenheim le mélange des Cérithes et des Moules, avec des petits Buccins fluviatiles (*Lettres geolog.* 82, p. 555); il l'avait vu aussi dans les autres collines des environs de Mayence, et néanmoins il a rapporté comme nous ces collines à la formation marine. Il fait également observer la position de ce terrain sur le terrain volcanique à Francfort, à Bergen, à Bekenheim, a Breunelsheim, à Hanau, à Saxenhausen, et enfin, à Sandhof, l'alternance des terrains volcaniques avec ce calcaire. (DELUC, *Lettres geolog.* 103, pag. 367 ; *lett.* 104, pag. 580, et *lett.* 106.)

breux que j'ai examinés, ni la texture compacte et à grains fins, résultat d'une précipitation chimique plutôt que d'un dépôt mécanique , ni ces tubulures sinueuses plus ou moins grosses qui sont les caractères si constans des terrains lacustres ou d'eau douce. Je regarde donc les terrains des environs de Mayence que je viens de décrire ou que j'ai cités et ceux des environs de Francfort qu'on leur compare, comme appartenant, par leur mode de formation et par leur position au moment de cette formation , aux terrains de sédiment supérieurs marins.

Mais à mesure que ces terrains se formaient, et que le fond de la mer s'exhaussait par suite de ces dépôts, les espèces de coquilles qui l'habitaient changeaient aussi ; le nombre des espèces était moins considérable , tandis que les Cérithes et les Moules , coquilles généralement littorales, devenaient plus nombreuses ; enfin ces dépôts recevaient dans certains momens les productions lacustres et terrestres des rivages , marécages , ou embouchures de rivières qui bordaient cette mer ; et ces productions, composées principalement de Paludines semblables à celles qu'on voit dans les étangs salés de Maguelone en Provence, comme M. Faujas l'a fait remarquer le premier, d'Hélices, etc., venaient de temps à autre se déposer en lits sur le fond des mers et s'y étendre , tantôt en quantité assez dominante pour ne faire voir aucun mélange de coquilles marines dans leur épaisseur, tantôt en moindre quantité, et mêlées des coquilles marines qui vivaient alors sur le fond de la mer. Cette alternance paraît avoir eu lieu jusqu'au moment où la mer, tout-à-fait retirée, ou le sol assez exhaussé, ait permis aux productions lacustres de s'y établir seules ; c'est ce que paraît indiquer le lit de *Cypris faba* mentionné plus haut.

Le terrain de Mayence serait donc , d'après les faits et les remarques précédentes, un terrain calcaire de sédiment grossier analogue à celui des environs de Paris , mêlé , dans le moment où il se déposait , avec des productions fluviatiles , lacustres ou terrestres , et non pas un terrain lacustre envahi par les eaux de la mer et enveloppant quelques coquilles marines.

Il resterait à savoir si ce terrain appartient à l'époque antérieure au gypse à Paleotheriums, ou à la formation marine postérieure à cette époque. Il est difficile de répondre à cette question avec les renseignemens que nous avons actuellement sur ce terrain. Les caractères que nous lui connaissons ne sont ni assez nombreux ni assez tranchés pour cela.

En lui appliquant les caractères comparatifs que nous avons donnés ailleurs (1) des terrains marins de ces deux époques, on voit qu'étant principalement calcaire et non sableux, que renfermant une assez grande variété de coquilles , mais point de mica , point de gypse, non plus que les marnes et les huîtres qui l'accompagnent, que montrant dans ses assises inférieures des débris de terrains trappéens, comme ceux du Vicentin , on peut présumer, mais encore vaguement , qu'il appartient aux terrains marins déposés avant la formation du gypse à ossemens.

(1) *Descript. geol. des env. de Paris,* 1822, pag. 192.

§ III. *Sur un terrain du pied des Pyrénées Orientales.*

M. Coquebert-Montbret m'a rapporté, d'un voyage qu'il a fait à Perpignan en 1817, des échantillons d'un terrain et des coquilles fossiles qui m'ont frappé par leur ressemblance parfaite avec le terrain des collines subapennines. Je ne connaissais alors le terrain de ces collines que par des échantillons. La connaissance directe que j'en ai prise depuis, loin de détruire l'analogie que je présumais, l'a pleinement confirmée. J'ai regardé cette ressemblance complète de deux terrains situés à une grande distance l'un de l'autre, l'un presque au pied des Pyrénées, et l'autre dans l'Italie la plus méridionale, comme une particularité des plus remarquables dans l'histoire des terrains de sédiment supérieurs ; c'est donc autant pour apporter un exemple de cette curieuse identité que pour donner les descriptions et les figures de quelques coquilles, dont j'ai eu besoin pour éclairer les observations précédentes, que j'ai cru devoir faire mention du terrain de Banyul-des-Aspres, d'après les renseignemens que M. Coquebert-Montbret m'a fournis, et les échantillons qu'il m'a remis.

Le canton qui présente les roches et les coquilles sur lesquelles je fonde ce rapprochement est composé de petites collines qui sont au sud de Perpignan, et au pied septentrional de la petite chaîne des Albères, principalement à Banyul-des-Aspres, dans le département des Pyrénées Orientales, sur la rive gauche du Tech (1).

La roche dont ces collines sont formées est une marne tendre, sableuse, d'un gris bleuâtre, renfermant beaucoup de mica, alternant ou mêlée seulement avec du sable siliceux assez grossier et contenant une quantité prodigieuse de coquilles, quelques-unes entières et même assez bien conservées, les coquilles bivalves ayant quelquefois leurs deux valves, mais plus souvent brisées en fragmens assez petits.

Les espèces que j'ai eu occasion de déterminer dans le petit nombre d'échantillons qui m'ont été remis sont les suivantes :

Turritella vermicularis. (*Turbo.* Brocchi. tav. VI, f. 13.)
Natica epiglottina. Lam.
Ranella marginata. (*buccinum* Brocc.) — (Pl. VI, fig. 7.)
Tritonium doliare. (*Murex* Brocc.) — (Pl. VI, fig. 5.)
Ostrea virginica. Lam. Cette huître n'est pas précisément du même lieu ; elle vient
   de Nissan, entre Narbonne et Béziers, mais elle paraît appartenir au même terrain.
Pecten flabelliformis. Brocc. ? Si ce n'est pas précisément cette espèce, c'en est une
   très-voisine.
Pectunculus pulvinatus. Lam. Var. *Pyrenaïcus.* A.Br. (pl. VI, fig. 15. a, b.)
Pectunculus inflatus. (*Arca.* Brocc. tav. XI, f. 7.)
Cardium ciliare. Brocc.
Turbinolia sinuosa. A.Br. (Pl. VI, fig. 17.)

(1) J'ai déjà indiqué ce terrain dans la *Description géologique des environs de Paris,* édit. de 1822, pag. 18; et j'ai renvoyé, pour les détails, aux figures et à la description que je donne ici.

On trouvera dans la troisième partie de ce mémoire les descriptions particulières et les notes zoologiques relatives aux espèces qui en sont susceptibles. Nous ne devons nous attacher ici qu'aux considérations géologiques ; et nous ferons remarquer à ce sujet, 1° que malgré le petit nombre d'espèces que nous avons pu citer, presque toutes ont été décrites par M. Brocchi, ce qui établit déjà leur ressemblance avec celles des collines subapennines ; 2° que le *Ranella marginata*, qui est le *buccinum marginatum* de Linné, est une espèce célèbre depuis long-temps parmi les fossiles, indiquée par Linné lui-même comme se trouvant en Italie ; elle offre donc presqu'à elle seule un caractère d'identité entre ce terrain et celui des collines subapennines. 3° D'après les débris renfermés dans le sable argilo-micacé qui remplit les grosses coquilles, le nombre des espèces que ce gîte renferme doit être considérable ; je n'en ai donc peut-être pas indiqué la vingtième partie : mais celles qui viennent d'être désignées me semblent suffisantes pour établir avec la plus grande vraisemblance l'identité de ce terrain et de celui des collines subapennines. 4° Enfin, la nature du terrain, la présence de la marne argileuse et du sable siliceux, et l'abondance du mica qu'il renferme, sont des caractères frappans des collines subapennines, depuis Asti jusque dans l'intérieur même de Rome.

§ IV. *Des couches à coquilles littorales* (1) *de la montagne des Diablerets.*

C'est ainsi qu'on nomme une suite de hautes sommités qui fait partie de la crête des Alpes calcaires au Nord-Ouest de Sion et presque à l'Est de Bex, et d'où partent les eaux qui, coulant dans le val d'Ormont et dans le vallon des salines de Bex, vont de l'Est à l'Ouest se jeter dans le Rhône de Saint-Maurice à l'Aigle.

La plus haute de ces sommités a environ 3200 mètres au-dessus de la mer. Cette crête de montagne est célèbre par les éboulemens qui ont précipité du côté de la vallée du Rhône, deux de ses sommets en 1714 et 1749.

Les couches qui composent ces montagnes sont peu puissantes, par conséquent très-multipliées. Leur stratification est très-distincte et assez régulière ; en sorte que les diverses roches qui se succèdent et qui peuvent appartenir à des époques de formation très-différente ne présentent point ce caractère de séparation tranchée qui résulte d'une stratification contrastante.

Ces couches sont inclinées au Nord-Est, et leur escarpement fait face au Sud.

La montagne des Diablerets présente vers son sommet une particularité des plus remarquables dans l'association des coquilles que renferment les couches de cette partie : c'est un problème jusqu'à présent insoluble. Mais c'est précisément par ce motif qu'il faut, par une description aussi précise qu'il m'est possible de la donner, constater ce qui est à ma connaissance, et appeler par la discussion de ces faits, quel-

(1) Il est assez commode de pouvoir désigner par un seul nom les réunions de coquilles dans lesquelles il y a des Ammonites, des Bélemnites, etc., et celles dans lesquelles il y a des Cardium, des Cérites, etc., sans Ammonites. On était convenu de désigner les premières par le nom de *coquilles pélagiennes*, et les secondes par celui de *coquilles littorales* ; sans examiner si ces expressions sont bien exactes, nous les conservons en leur donnant l'application que nous venons d'indiquer.

6

que incomplets qu'ils soient, l'attention des géologues sur ce point obscur de la géognosie.

Je ne décrirai pas avec détail les couches inférieures de la montagne, ce serait sortir de mon sujet; et d'ailleurs je n'en aurais pas les moyens. Je ne puis cependant omettre entièrement d'en parler; on en verra plus bas les motifs.

En prenant cette montagne depuis sa base du côté de Bex on y remarque les principales couches suivantes (1).

1° Vers la base de cette montagne on voit un calcaire compacte, sublamellaire, noir, qui alterne avec des Schistes argileux et des Psammites. Il renferme des ammonites, des Bélemnites, des Entroques et, dans quelques points de la même chaîne, du calcaire oolithique noir. Ces roches et leurs pétrifications appartiennent, suivant M. de Charpentier, à l'époque de transition.

Mais les terrains de transition les premiers reconnus pour tels, qui sont principalement composés de roches mélangées granitoïdes et formées par voie de cristallisation confuse, qui alternent avec des schistes luisans, etc., ne montrent pas ordinairement de Bélemnites parmi les corps organisés qu'ils renferment. On y voit très-rarement des Ammonites, et encore ces dernières coquilles appartiennent-elles à une espèce particulière à cette époque.

Il paraîtrait donc que les roches qui font la base de la montagne des Diablerets ont été déposées à une époque ou au moins dans des circonstances différentes de celles dans lesquelles se sont formés les terrains de transition à Syénite, Diabase, et autres roches granitoïdes, et qu'elles ont cela de commun avec toutes les roches calcaréoschisteuses noirâtres de cette partie des Alpes, que l'on veut ramener au terrain de transition.

2° Au-dessus, à partir du col d'Anzeindaz (2), se montre un calcaire compacte, gris de fumée foncé, à grain fin, avec veines de calcaire spathique; il renferme encore quelques Bélemnites, puis :

3° Un psammite calcaire ou un calcaire sableux régulièrement stratifié sur plusieurs centaines de pieds d'épaisseur, et renfermant les roches suivantes :

A. Interposés dans ses couches, des lits d'un calcaire compacte, rude, noir, contenant beaucoup de *Nummulites*, et coloré par du charbon, qu'on en sépare facilement en dissolvant ce calcaire dans de l'acide nitrique.

(1) Cette énumération est faite sur des échantillons qui m'ont été envoyés, avec des notes, par M. de Charpentier, directeur des salines de Bex. J'ai revu depuis cette montagne sur sa face septentrionale, mais elle est tellement inaccessible, que je n'ai pu y faire aucune observation de détails. Je dois dire seulement que sa structure a la plus grande ressemblance avec celle des montagnes que j'ai suivies depuis la Gemmi, en ongeant pour ainsi dire, sur sa pente occidentale, cette ligne de montagnes qui forme le bord droit de la vallée du Rhône.

(2) Voyez page 47 une esquisse de la disposition des couches dans celui des sommets des Diablerets qui est le sujet de cette notice.

Je dois cette esquisse à M. Élie de Beaumont, élève-ingénieur au corps royal des mines, qui a bien voulu, au retour de son voyage géologique, et au moment où on allait tirer cette feuille, me communiquer les observations qu'il a faites sur cette montagne, et me permettre d'enrichir cette notice d'une coupe qui non-seulement la rend plus claire et plus intéressante, mais qui ajoute à mon hypothèse quelques degrés de plus de probabilité.

(43)

B. Vers la partie occidentale des Diablerets, une roche sableuse verdâtre , un
peu calcaire , ayant l'apparence de celle que j'ai caractérisée ailleurs et désignée
sous le nom de *Glauconie*. On y voit des grains de Feldspath ; mais le calcaire y
est trop peu abondant pour qu'on puisse le rapporter à cette sorte de roche ,
malgré sa ressemblance avec celle que les géologues anglais appellent *grès* ou
sable vert (*green-sand*).

4° Au - dessus du psammite calcaire n° 3 sont des couches de calcaire argileux ,
peu dissoluble dans l'acide nitrique et très-ferrugineux. Il contient même , suivant
M. Ebel, des bancs de fer limoneux.

5° Ces couches sont surmontées d'un lit de charbon fossile non bitumineux, c'est-à-dire
d'Anthracite, de deux à trois mètres de puissance.

6° On arrive alors à la partie de la montagne qui est le sujet principal de nos recherches. C'est un dépôt de six à dix mètres d'épaisseur placé sur l'Anthracite n° 5,
d'une roche calcaire noire, compacte , mais âpre et rude au toucher , déposant une
grande quantité de charbon lors de sa dissolution dans l'acide nitrique , et divisé en
un grand nombre d'assises de trois à quatre décimètres d'épaisseur.

C'est cette roche qui renferme les corps organisés fossiles dont je vais donner l'énumération.

Nummulites.
         Indéterminables.

Ampullaria.
         Entre l'A. *conica* et l'A. *canaliculata*, mais ne pouvant se rapporter exacte-
ment ni à l'une ni à l'autre.

Ampullaria.
         Fragment d'une très-grosse espèce.

Melania costellata. LAM. Ann. du Mus. tom. 8, pl. 60 XII. fig. 1. — (pl. II, fig. 18.)
         Autant qu'on puisse en juger sur des échantillons très-altérés, elle ne paraît
pas différer de l'espèce à laquelle je la rapporte.

Cerithium Diaboli. A. BR. (pl. VI. fig. 19 a, b.)
         Extrêmement abondante et fort remarquable.

Turbinella....?
         Cette coquille, presque entière, mais trop écrasée pour qu'on puisse détermi-
ner son genre avec certitude, a près d'un décimètre de longueur.

Hemicardium.
         Il est voisin de l'*Hemicardium retusum*, et peut-être encore plus du *medium*;
mais il diffère de l'un et de l'autre surtout par sa taille. On sait que ces
Hemicardium sont vivans. Le rapprochement que je fais a pour objet de
donner une idée de la coquille fossile, en trop mauvais état pour être figurée et

6.

suffit pour faire voir qu'elle ne peut être ni un Plagiostome, ni un des Hémi-
cardes du calcaire du Jura.

Cardium ciliare? Brocc.

Je n'en ai vu qu'un fragment, mais ce *cardium* est si caractérisé, qu'une
petite partie d'une de ses valves suffit pour faire établir sur l'espèce une détermination très-présumable.

Cariophyllia.

Madrepora.

La liste précédente n'offre qu'un petit nombre d'espèces, et cependant il est présuma-
ble qu'elle indique les plus communes et le plus grand nombre de celles que l'on connaît;
car j'ai reçu, tant de M. de Charpentier que d'autres naturalistes, des coquilles des
Diablerets à plusieurs reprises, j'en ai vu dans les collections de Genève et de Paris,
et je n'ai vu aucune autre coquille que celles que je viens d'indiquer.

Quoique je n'aie pu déterminer complétement quelques-unes de ces espèces, j'en ai
vu assez pour être sûr qu'elles se rapprochent bien plus des coquilles littorales, c'est-à-dire
de celles de nos terrains de sédiment supérieurs, que des coquilles des terrains de sédiment inférieurs ou moyens. Il y en a même quelques-unes qu'on peut y rapporter avec
une probabilité très-voisine de la certitude.

Enfin, et c'est ici le point le plus important dans la série des observations que présente
le sommet de cette montagne, je n'ai vu dans aucune des collections que j'ai citées,
ni Ammonite, ni Bélemnite, ni Plagiostome, ni Productus, etc. On n'a jamais
cité, que je sache, aucune de ces coquilles comme s'étant trouvée avec les précédentes ou au-dessus d'elles (1).

Cette circonstance, quoique négative, me paraît distinguer très-nettement le calcaire noir rude des Diablerets du calcaire noir compacte et à grains verts de la montagne des Fis et des sommets analogues. On rencontre bien dans ces derniers quelques
coquilles du terrain nouveau, des Cérithes, des Ampullaires, etc.; mais elles sont pour
ainsi dire circonscrites en comparaison de l'immense quantité de Turrilites, d'Ammonites, d'Hamites, qu'on y trouve. Enfin, il a fallu que ces différences fussent déjà
sensibles, puisque des géologues (2) qui ne pouvaient pas avoir encore reconnu l'importance de ces considérations, ni apporté à ces pétrifications l'attention de détail que
j'y ai mise, avaient cependant remarqué que la roche d'Argentine qui est en face des
Diablerets annonçait par ses pétrifications que l'époque de sa formation différait de
celle des autres.

J'hésiterais donc très-peu; malgré la position élevée de la roche calcaire qui renferme
ces coquilles, malgré sa compacité, sa couleur noire, sa stratification concordant
avec le calcaire ancien qui est au-dessous; j'hésiterais peu, dis-je, à la regarder
comme de même formation que le calcaire grossier de sédiment supérieur, si elle

(1) M. Élie de Beaumont m'a assuré que parmi les débris du sommet des Diablerets au milieu desquels il a
ramassé avec M. de Charpentier un grand nombre de coquilles littorales, il n'avait vu ni Ammonite, ni Bélemnite.

(2) Ebel, *Manuel du voyageur en Suisse*, 1810, art. Bex.

(45)

n'était recouverte par des roches qui offrent de nouveau le caractère d'homogénéité et de compacité , qu'on attribue au calcaire alpin, etc.

Les roches calcaires n° 6 renfermant les coquilles dont on a donné l'énumération sont recouvertes :

7° D'un calcaire sublamellaire, noirâtre, siliceux et *micacé*, qui malgré son apparence spathique est un véritable agrégat de grains de quarz par un ciment de calcaire ;

8° D'un calcaire compacte fin, renfermant des lits de silex corné, et quelques débris de corps organisés qu'on ne fait pas connaître : il est traversé de veines de calcaire spathique, et ne diffère en rien du calcaire alpin (*Zechstein*) dont la texture est fine et la cassure écailleuse.

Tels sont les faits que nous présente cette suite de montagnes à sommets coupés verticalement et dans un état de destruction perpétuelle.

L'étude de ces montagnes est extrêmement difficile par les motifs que j'ai donnés plus haut ; il n'est donc pas sans utilité de hasarder quelques conjectures sur les époques de formation auxquelles on peut les rapporter, afin de fixer davantage l'attention des observateurs qui suivront cette étude sur les lieux.

J'essaîerai de comparer la suite des roches qui les composent, 1° avec celle des Fis, que j'ai décrite ailleurs (1) ; 2° avec la formation de sédiment supérieur.

La montagne des Fis et les montagnes de cette partie de la chaîne des Alpes qui lui ressemblent sont composées à leur base à peu près comme celle des Diablerets ; seulement on y voit moins de corps organisés, et il semblerait que la base des Diablerets, dont nous avons décrit quelques roches d'après M. de Charpentier, correspond aux parties moyennes ou même presque supérieures de la montagne des Fis.

Vers le sommet les roches paraissent se ressembler ; les unes et les autres sont noires ou noirâtres, et renferment de nombreux débris de corps organisés ; mais aux Fis on trouve les grains verts et les coquilles de la craie, et on n'en a encore indiqué aucune parmi celles des Diablerets. Il y a donc une différence notable dans la texture de la roche, dans sa nature et dans la présence des corps organisés qu'elle renferme.

Les différences extérieures entre les roches des sommets des Diablerets et celles des terrains de sédiment supérieurs paraissent encore plus considérables ; mais voyons si dans l'examen nous n'y trouverons pas quelque ressemblance plus importante que ne le sont les différences.

Du n° 1 à 3 inclusivement, on peut reconnaître le *terrain alpin inférieur*, ou le terrain de transition des Alpes, suivant plusieurs géologues.

Le n° 3 semble offrir l'analogue ou de la craie avec la glauconie, ou des assises inférieures du calcaire de sédiment supérieur avec ses Nummulites.

Les n°° 4 et 5 pourraient représenter la formation de l'argile plastique avec son sable, son association de roche ou de minerais ferrugineux ; et dans l'anthracite n° 5, l'analogue du lignite souvent très-puissant qui l'accompagne, et qui est quelquefois à l'état d'anthracite, comme au Meisner en Hesse, etc.

(1) *Annales des Mines*, 1821, page 537.

Le n° 6 qui vient au-dessus est, dans cette hypothèse, parfaitement à sa place, et représente le calcaire grossier avec ses coquilles littorales ; et remarquons que les grains verts si abondans dans les roches de l'époque de la craie de la montagne des Fis, et qui paraissent ressembler à celles des Diablerets, manquent entièrement dans ces dernières. Cette circonstance, réunie avec les différences que présentent les coquilles observées, fait *présumer* que cette différence est réelle, et ne vient pas uniquement des échantillons tombés par hasard entre nos mains.

Restent les n°ˢ 7 et 8, qui ont un aspect et une texture dont il semble qu'on ne peut trouver aucun exemple dans les parties supérieures du terrain de sédiment supérieur. Mais n'oublions pas que, dans la géognosie, la contemporanéité des formations est ce qui établit leur identité, et que la texture est subordonnée non-seulement à cette considération, mais encore à celle de la nature des roches.

Or nous voyons que dans les terrains de sédiment supérieurs, des dépôts siliceux et micacés ont souvent suivi et recouvert les couches calcaires coquillières. Ces dépôts ont souvent pris la texture du grès, quelquefois celle du sable mêlé de mica et de minerai de fer, quelquefois enfin celle de silex corné en lits ou rognons.

Or les roches n° 7 et 8, qui recouvrent les assises coquillières, sont calcaires, mais encore plus siliceuses ; elles renferment du silex corné et du mica ; et le n° 7 est un véritable agrégat bien différent du n° 8.

Je ne prétends pas néanmoins qu'au sommet des Alpes, à 5,000 mètres d'élévation, on doive trouver toutes les roches analogues au terrain de sédiment supérieur, depuis les argiles plastiques jusqu'au grès supérieur ; mais je crois qu'il ne faut pas non plus rejeter, sans l'avoir approfondie, l'idée qu'une partie du sommet des Diablerets pourrait bien avoir été déposée à une époque géologique à peu près la même que celle où les terrains de sédiment supérieurs des pays de plaine l'ont été ; que ce dépôt a été accompagné d'une émission de matières minérales à peu près la même, se succédant dans le même ordre ; à peu près comme dans l'époque actuelle tous les volcans de la terre vomissent des laves généralement semblables entre elles, et généralement différentes des trachytes, porphyres, basaltes, etc., qu'ont vomis les volcans de l'ancien monde. Des circonstances physiques et minéralogiques de pression, de soulèvement, de forte chaleur, peuvent avoir apporté dans ces roches les différences que nous remarquons entre elles et celles, par exemple, du bassin de Paris ; différences qui consistent principalement dans leur compacité, leur puissance, leur élévation, et surtout leur couleur noire. Cette couleur, due au charbon disséminé dans ces roches, et l'anthracite qui les accompagne, semblent indiquer des circonstances qui n'ont pas permis aux bitumes et autres combustibles volatils de rester unis au charbon.

Je pense donc qu'aucune superposition évidente ne s'y opposant, les caractères zoologiques peuvent avoir ici toute leur valeur pour faire rapporter les couches presque supérieures de la montagne des Diablerets au terrain de sédiment supérieur, jusqu'à ce que des observations directes aient prouvé le contraire ; et qu'il serait plus hypothétique de les rapporter aux terrains de calcaire alpin ou de transition, puisqu'il n'y a pour établir ce rapport que des analogies de couleur et de texture, moins importantes *seules* que celles qu'on peut tirer de la nature des corps organisés fossiles renfermés dans ces couches (1).

Enfin, quel que soit le résultat géologique auquel on arrive, il sera toujours fort remarquable de trouver sur cette montagne, et à une si grande élévation, une association de coquilles très-différentes de celles que l'on connaît dans une position à peu près semblable sur d'autres sommets de la chaîne des Alpes.

(1) Je laisse ces conséquences telles que je les avais écrites au moment où M. Élie de Beaumont m'a remis l'esquisse ci-jointe : la disposition remarquable des couches qu'elle présente semble devoir lever la plus grande objection qu'on pouvait apporter au rapprochement que j'ai proposé et qui résulte de l'aspect tout-à-fait alpin et ancien des roches calcaires et schisteuses, n° 8, qui *surmontent* les couches à coquilles littorales n° 6. Cette coupe fait voir qu'elles les *surmontent évidemment,* mais qu'il n'y a au contraire aucune certitude qu'elles aient été déposées dessus, et par conséquent postérieurement au dépôt n° 6. Le replis remarquable des assises n° 7, qui, par ce singulier dérangement, sont venues envelopper les couches à coquilles littorales n° 6, et qui a reporté au-dessus d'elles les couches inférieures 7 et 2, enfin le glissement possible des couches n° 8, expliquent sans hypothèse comment dans ce lieu un terrain nouveau a été recouvert par un terrain ancien. C'est une application de la circonstance de superposition dont j'ai annoncé la possibilité dans mon mémoire sur les caractères zoologiques des formations (*Ann. des mines,* 1821, pag. 543) ; et je puis dire maintenant que dans le *cas actuel,* non-seulement aucune *superposition évidente* ne s'oppose à l'application des règles zoologiques dont je me sers pour établir le rapprochement que j'indique, mais encore que jusqu'ici c'est la superposition qui est en défaut, et qu'elle laisse toute leur valeur aux caractères zoologiques.

On voit donc que par l'effet de ce singulier replis dont on connaît un grand nombre d'exemples dans cette chaîne des Alpes et notamment à la Gemmi, on voit, dis-je, que les couches n° 2, et probablement n° 7, inférieures aux couches n° 5 et 6, ont été reportées par ce replis au-dessus de ces mêmes couches, et qu'il est possible que les couches n° 8, de même époque que les couches n° 5, aient glissé en se repliant sur le terrain nouveau.

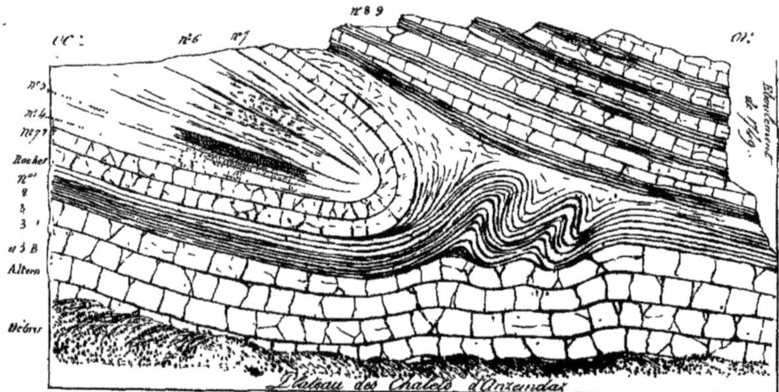

Esquisse de la disposition des couches sur la
FACE MÉRIDIONALE DE LA MONTAGNE DES DIABLERETS.

§ V. *Indices du terrain de sédiment supérieur sur les montagnes de Glaris, etc.*

Ce que je viens de dire sur les Diablerets rendra plus probables les rapprochemens que je vais encore hasarder, et ceux-ci contribueront à appuyer l'opinion que j'ai émise sur les Diablerets en montrant que ce n'est pas seulement dans cette partie des Alpes que se rencontrent des indices du terrain de sédiment supérieur, mais qu'il serait possible qu'on en trouvât aussi des lambeaux sur d'autres points non moins élevés.

J'ai ramassé au pied des montagnes qui bordent à l'Est l'ouverture de la vallée de Glaris près Nœffels, des fragmens nombreux d'un calcaire d'un brun verdâtre foncé, tirant quelquefois sur le violet, d'une structure grenue, à grains distincts, mais non cristallins, et qui ressemblent à des grains de chlorite compacte fortement agrégés par un ciment calcaire à peine visible.

Ce calcaire, ou plutôt cette roche composée de calcaire et de terre verte, étant très-abondamment répandue, comme on a pu le voir dans la description géologique des environs de Paris et des terrains de même époque (1), j'ai cru devoir la désigner par un nom particulier qui indiquât sans périphrase et sans une précision incompatible avec la matière le mélange que l'on a défini : je l'ai nommée *Glauconie.*

Les grains verts qu'on extrait de cette roche par le moyen de l'acide nitrique, qui dissout leur ciment calcaire, ont été analysés par M. Berthier, et ont indiqué la composition suivante :

Silice	52,5
Protoxide de fer.	25
Alumine.	05,6
Magnésie	05
Potasse (au moins)	05
Eau.	08,5
	97,4
Perte	2,6
	100,0 (2).

Cette roche calcaire verdâtre renferme une quantité souvent prodigieuse de Nummulites d'une très-grande dimension, et qui se font très-bien remarquer par leur couleur différente de celle du fond.

Ces Nummulites montrent dans leur intérieur un calcaire grisâtre, compacte, translucide, à cassure esquilleuse, et sur leur surface un enduit mince d'une terre onctueuse, jaunâtre, et même rougeâtre. Celles qui sont situées dans les parties extérieures et superficielles de la roche ont été fortement attaquées et, comme corrodées, les unes seulement en partie ; et les autres entièrement dissoutes n'ont laissé dans la pierre

(1) *Description géologique des environs de Paris,* édition de 1822, pag. 13, 83 et suiv.

(2) Nous avons donné, pag. 13 et 31 de la *Description géologique des environs de Paris,* les analyses faites par le même chimiste des grains verts de la craie inférieure, et des grains verts du calcaire grossier

que leur place vide. Les parois de cette espèce de moule portent l'empreinte très-nette des stries qui se trouvaient à la surface des Nummulites. Cette disposition est générale, et il paraît assez singulier que la partie de la roche qui paraît la plus homogène et la plus dense ait été cependant la plus facilement altérée (1).

Or les Nummulites, quoique propres en général au terrain de sédiment supérieur, ne suffisent pas pour le caractériser. Il est probable, il paraît même prouvé qu'il se trouve des espèces de ce genre dans les terrains de sédiment anciens; mais ces espèces, comme celles des Bélemnites, des Huîtres, etc., présentent entre elles des différences spécifiques si légères, et par conséquent si difficiles à établir avec précision, qu'on ne doit pas espérer pouvoir s'en servir utilement pour caractériser un terrain.

Malgré la présomption que la présence de ces fossiles faisait naître sur l'époque de formation du terrain qui les renferme, je n'aurais pas osé l'avancer si je n'eusse remarqué d'autres coquilles dans cette même roche.

Ces coquilles sont très-engagées et dans un état d'altération qui en rend la détermination très-difficile ; néanmoins on peut y reconnaître des *Pectens* ou des Venericardes voisines du *planicosta*, et je n'ai vu dans aucun des nombreux fragmens que j'ai examinés, soit sur les lieux, soit dans les collections de la Suisse et de Paris, aucune Bélemnite, aucune Ammonite, ni aucune autre coquille pélagienne.

Cette observation est confirmée par celle des naturalistes qui ont parlé de ces terrains sous le nom de *grès vert*. On remarque, en parcourant les listes qu'ils ont données de ces coquilles, que, quoiqu'ils ne les indiquent que par des noms de genres, on ne trouve parmi ces noms aucun de ceux qui désignent des coquilles appartenant aux terrains de sédiment inférieurs.

Aussi le docteur Marti de Glaris cite sur le mont Freyberg, au-dessous des plus hautes cimes, de grands bancs pleins de Porpites (Nummulites) et de Pectinites. (Ebel, art. *Glaris.*)

On trouve sur le mont Pilate, particulièrement près de Tornlishorn et sur le Widderfeld, dont le sommet est élevé de 2300 mètres au-dessus de la mer, un calcaire rempli de Nummulites et d'autres coquillages brisés. (Ebel, art. *Pilate.*)

inférieur ; je les représente ici, pour qu'on puisse faire la comparaison de ceux de la roche de Glaris avec les uns et les autres, et voir auxquels ils ressemblent le plus.

	GRAINS VERTS DE LA CRAIE.	GRAINS VERTS DU CALCAIRE GROSSIER.
Silice.	50,6	46 . à . 40.
Protoxide de fer	20,8	22 . à . 25.
Alumine	07	07 . à . 02.
Magnésie.	00	06 . à . 16.
Chaux	00	03 . à . 03.
Potasse.	10	00 . à . 02.
Eau	11,8	15 . à . 12.

(1) Cette circonstance se lie avec les phénomènes de l'érosion des pierres calcaires, et paraît être due à la même cause. Nous en traiterons ailleurs.

7

On observe aux environs de Sarnen des débris d'une pierre qui renferme beaucoup de Nummulites ; c'est un *grès vert* dont on trouve des couches considérables sur la pente de la colline du Flüeli, du côté du Sud-Est, etc. (EBEL, art. *Sarnen.*)

Or on doit remarquer que tous ces lieux sont situés dans la même zone calcaire et sur des contre-forts des Alpes, qui ont une structure et une disposition à peu près la même.

On ne cite dans ces grès verts aucune Ammonite, aucune Bélemnite, ni aucune autre coquille de la même époque. Quoiqu'ils ressemblent par leur structure et leur composition à la Glauconie crayeuse (grès vert, *green-sand*) de la craie, l'absence de ces coquilles peut faire présumer que ces roches, malgré leur position élevée au milieu des hautes Alpes, malgré leur aspect un peu différent de la Glauconie grossière, appartiennent aux assises inférieures du terrain de sédiment supérieur.

L'abondance de la partie verte dans cette Glauconie, la ressemblance extérieure, mais peut-être très-éloignée, de cette matière avec la serpentine ou plutôt la chlorite, n'est pas une objection contre ce rapprochement ; nous y avons été conduits insensiblement par des Glauconies très-vertes du terrain de Paris, notamment par celle des environs de Beaumont-sur-Oise, de Gisors, du fond des carrières au Sud de Paris, par les Breccioles trappéennes mais verdâtres du Vicentin, par la Glauconie à gros grain de la montagne de Supergue. Or ces dernières montagnes, dont l'époque de formation n'est point douteuse, nous conduisent par leur élévation à celle à laquelle il paraît que se présente ici la formation du terrain de sédiment supérieur. Enfin autant qu'on puisse le juger d'après l'analyse d'un minéral aussi mélangé, faite une seule fois sur un seul échantillon, on doit remarquer dans la composition de cette terre verte plus de ressemblance avec celle du calcaire grossier qu'avec celle de la craie.

Néanmoins, malgré ce rapprochement, malgré la circonstance de la craie si élevée à la montagne du Fis, qui indique que dans les Alpes tous les terrains ont été comme soulevés à une grande hauteur, cette élévation, cette position presque au centre des Alpes, le petit nombre de coquilles que nous avons vues, et leur état d'altération, peuvent et doivent même nous laisser encore du doute sur l'identité de formation de cette roche avec les assises inférieures du calcaire grossier des environs de Paris. Il serait possible qu'elle appartînt à la formation de la craie, et que le silence qu'on a gardé sur les coquilles qui caractérisent ce dernier terrain fût plutôt dû au défaut d'observations suffisamment nombreuses et précises, qu'à l'absence réelle de ces coquilles.

C'est donc un appel que nous nous permettons de faire aux naturalistes de la Suisse pour les engager à déterminer et à nous faire connaître la place exacte de ces roches dans la série des terrains alpins (1).

(1) M. A. Boué vient de reconnaître une roche semblable, qu'il désigne par le nom de *grès vert*, et qu'il rapporte à la Glauconie crayeuse (autrefois craie chloritee), dans deux endroits de la première ligne de la pente Nord-Ouest de la chaîne des Alpes, du côté de la Bavière, 1° près de Sonthofen, 2° près de Trauenstein.

Ces roches s'élèvent de trois cents à mille mètres au-dessus des vallées ; leurs couches, presque verti-

TROISIÈME PARTIE.

DESCRIPTION DE PLUSIEURS DES CORPS ORGANISÉS FOSSILES

renfermés dans les terrains de sédiment supérieurs, décrits ou mentionnés dans les deux premières parties.

———

Je n'ai compris dans cette énumération que les corps organisés fossiles que j'ai vus, soit qu'ils aient déjà été décrits, soit que, ne les ayant trouvés exactement décrits dans aucun des auteurs que j'ai pu consulter, j'aie cru devoir les regarder comme inédits, et en donner une description particulière.

J'ai compris au contraire dans les listes zoo-géologiques toutes les espèces qui sont venues à ma connaissance, même par de simples descriptions, et que j'ai pu considérer comme caractérisant le terrain que je décrivais.

J'ai eu grand soin de distinguer le *terrain* du *pays*, et on sait que, l'importance de cette distinction n'ayant été sentie que depuis peu de temps, on a beaucoup de peine à tirer des conséquences certaines des observations qu'on n'a pas faites soi-même, ou qui n'ont pas été faites dans ce but par des personnes instruites en géognosie et qui possèdent l'art assez difficile de bien distinguer les terrains.

———

Nummulites, *Lam.* (Camerina, *Brug. Cuv.*)

N. nummiformis. Defr. — Fortis. *Oryctog. de l'Italie*, tom. II, pl. I, fig. *p-t*, et pl. IV, f. 3.

Il est très-difficile de distinguer les espèces dans ce genre. Je ne vois pas de différence exprimable entre cette Nummulite, à laquelle M. Defrance a donné dans sa collection le nom de *Nummiformis* et le *N. lævigata* de Lamark. Cependant, en comparant un grand nombre de *N. lævigata* de

cales, sont inclinées au Sud; elles reposent sur le calcaire compacte gris de fumée (*Zechstein*), et même çà et là sur des dépôts *plus récens*. La formation est composée principalement de grès quarzeux, de grès chlorité ou ferrugineux, de Glauconie compacte, de calcaires brunâtres ou rougeâtres, avec des rognons disséminés de fer hydraté granuleux: ces roches calcaires sont remplies de Nummulites. On voit aussi dans ce terrain, et surtout dans les lits ferrugineux, des Bélemnites, des Ammonites, des Ananchites, des Gryphites, des Peignes, des dents de squales et des rognons d'une résine succinique.

Certainement, si toutes ces coquilles sont associées dans les mêmes couches, comme la note que M. Boué m'a adressée semble l'indiquer, ces terrains, semblables à celui de Glaris par la roche arénacée verte et par les Nummulites, appartiendraient à la craie inferieure, et ces observations feraient présumer que le grès vert de Glaris, de Samen, etc., lui appartiennent aussi.

7.

Soissons, de Chantilly, et de quelques autres lieux du bassin de Paris, avec des Nummulites de Ronca, on remarque que ces dernières sont généralement plus convexes et à bords plus tranchans que les premières : mais cette différence est très-légère.

La *N. nummiforme* diffère très-nettement du *C. nummularia*, n° 4, de Brugnières, qui est le *N. complanata*, LAM.

L. Ronca, où elle se trouve en très-grande abondance, tant dans le calcaire que dans la Brecciole.

BULLA. LAM.

B. Fortisii. A.Br. . . . . (pl. II, fig. 1). — FORTIS. *Della vall. di Ronca, tav. I, fig.* 3.

Obovata, longiuscula, transversè striata, striis distantibus, spirá inclusá.

Cette bulle, que je n'ai encore vue que brisée, ne paraît différer du *Bulla lignaria* que parce qu'elle est un peu plus alongée, ou, ce qui revient au même, plus étroite.

L. Ronca.

(Dédiée à Fortis. — Collection Maraschini.)

HÉLIX. LINN.

H. damnata. A.Br. . . . . . (pl. II, fig. 2, a. b.).

Globoso - subconica, anfractibus in dorso obtusè carinatis, in suturá marginatis ; aperturá subovatá, peristomate continuo, exteriùs reflexo.

Cette coquille est bien une Hélice, quoiqu'elle semble au premier aspect différer un peu du plus grand nombre des espèces de ce genre, parce que le limbe de l'ouverture se continue sans aucune interruption et presque sans amincissement du côté de la lèvre gauche de la bouche. Mais l'espèce de flexion ou repli extérieur de ce bord est une disposition presque caractéristique des coquilles des Hélices; et quant au péristome ou limbe continu, il y a plusieurs exemples de coquilles qu'on ne peut séparer des Hélices, qui présentent cette disposition. Les conchyliologistes les plus accrédités, Draparnaud, M. de Férussac, etc., ont tous placé parmi les Hélices, l'*H. cornea*, l'*H. lapicida*, l'*H. cornu-militare*, etc. La forme presque conique de l'*Helix damnata* le rapproche un peu des *Helix nux-denticulata, fuliginea*, etc. Mais le rebord qu'on remarque sur la suture des tours de spire le distingue très-nettement des autres espèces connues (1).

L. Ronca.

(1) M. Brard a indiqué cette coquille sous le nom d'*Hélice de Ronca* : nous n'aurions pu rendre cette désignation que par le nom d'*H. Roncana* ; mais M. de Schlotheim a déjà employé le nom d'*Helicites Roncqnus*, en l'appliquant à une coquille qui, autant qu'on puisse en juger lorsqu'il n'y a ni description ni figure, est une Ampullaire.

TURBO. *Linn. Lam.*

T. Scobina. A.Br. . . . (pl. II, fig. 7.)

Rugosus, spinulis fornicatis, unâ serie spinarum majorum fornicatarum.

Ce *Turbo* appartient à la même famille que le *Turbo chrysostomus,* il en est même très-voisin, mais il en diffère par une seule rangée d'épines saillantes creusées en dessous, etc. ; la spire quelquefois raccourcie par la destruction des premiers tours, la série des grandes épines plus saillante, le fait ressembler alors à une Delphinule.

L. Castelgomberto.

(Collection Maraschini.)

T. Asmodei. A.Br. . . . (pl. II, fig 3.)

Exaratus, lineis dorsalibus elevatis, tuberculatis.

Celui-ci est de la famille des *T. crenulatus,* L. *T. argyrostomus,* L., parmi les vivans ; et *T. squammulosus,* Lam., parmi les fossiles.

L. Val Sangonini.

(Collection Maraschini.)

T. Amedei. A.Br. . . . (pl. VI, fig. 2 a. b.)

Depresso-conoideus, longitudinaliter striatus, aperturâ patulâ, umbilico callositate obtecto.

Il est bien sûr que cette espèce n'est décrite ni dans Lamarck ni dans Sowerby. Elle a la plus grande ressemblance avec une espèce un peu plus grande qu'on trouve près de Bordeaux, et que M. Defrance a désignée dans son catalogue, sous le nom de *Turbo striatus.* Mais le *Turbo Amedei* est moins conique, et les tours de spire présentent une carène très-arrondie que la figure *a* indique mieux que la figure *b.*

L. Il vient de la colline de Turin. — On en trouve dans les collines subapennines qui ressemblent davantage au *striatus* qu'à celui de Turin.

(Collection A.B.)

MONODONTA. *Lam. Cuv.*

M. Cerberi. A.Br. . . . (pl. II, fig. 5.)

Depresso - conoideus, longitudinaliter sulcatus; aperturâ ellipticâ utrinque sub unidentatâ, marginibus connexis.

Cette petite coquille a une forme de bouche très-remarquable et qui l'éloigne un peu du genre auquel nous la rapportons. Le bord de l'ouverture est continu. On voit deux ou trois petits tubercules sur le côté gauche ou columellaire , et un sur le côté opposé.

L. Ronca.

(Collection Maraschini.)

TURRITELLA. *Lam.*

T. incisa. A.Br. .... (pl. II , fig. 4. a. b.)

Elongato-subulata ; spiræ anfractibus subconvexis, transversim striatis, striis æqualibus, lævissimis, striis minoribus interstitialibus.

Cette Turritelle a beaucoup de ressemblance avec le *T. terebellata,* de Lamarck ; mais elle est considérablement plus petite , et se rapproche par sa taille du *T. elongata* de Sowerby , à laquelle elle ressemble telle-ment , qu'on ne peut trouver quelque différence qu'en y faisant la plus grande attention. On voit alors que cette dernière est plus alongée, et que les stries et les lignes élevées qui les séparent ne sont pas lisses , mais garnies d'un grand nombre de petites aspérités. Les stries intersticiales sont souvent à peine distinctes dans les parties supérieures de la spire.

La bouche est trop arrondie dans la figure , et le péristome n'est pas aussi net , ni continu comme il semble l'être dans cette figure.

L. Ronca.

(Collection Maraschini.)

T. imbricataria. Lam. (Ann. du Mus. T. 4 , p. 215 , n° 1. — T. 8, pl. 10 , fig. 7.)

L. Ronca.

(Collection Maraschini.)

T. asperula. A.Br. .... (pl. II , fig. 9.)

Subulata, spiræ anfractibus planis, transversè striatis ; striis circiter sex, punctis elevatis arcuatis.

Les tours de spire sont moins séparés , les stries plus distinctes , moins nombreuses que dans le *T. imbricataria,* dont cette coquille se rapproche néanmoins beaucoup.

L. Ronca.

(Collection Maraschini.)

Turr. Archimedis. A.Br.... (pl. II, fig. 8.)

Subulata, transversè sulcata, anfractibus bicarinatis, interstitiis subtilissimè striatis.

Cette Turritelle ressemble entièrement, pour la disposition des deux carènes élevées, aux variétés des *Turr. subcarinata* qui n'ont que deux carènes; mais elle en diffère par sa forme beaucoup plus alongée, par les stries des interstices des carènes, etc.

L. Ronca. —Il y en a une en Anjou qui ne paraît pas en différer sensiblement, et une autre près de Bassano, qui peut être regardée comme une variété de cette espèce.

(Collection Maraschini.)

T. cathedralis. A.Br.... (pl. IV, fig. 6.)

Subulata, spiræ anfractibus planis, margine superiore inflatis, sulcatis; sulcis circiter septem, inferioribus magnis, distantibus.

Il est probable que M. Borson a décrit cette Turritelle; mais dans ce genre, dont les espèces sont si difficiles à distinguer les unes des autres, on conviendra que des descriptions sont insuffisantes, et que les meilleures figures peuvent seules servir à une détermination certaine.

Cette Turritelle présente cependant un caractère qui me semble suffisant pour la distinguer de toutes les autres, c'est d'avoir les tours de la spire renflés vers leur bord supérieur, tandis que ce renflement se présente vers le bord inférieur, c'est-à-dire vers celui qui est du côté de l'ouverture, dans toutes les autres Turritelles à spire plane.

L. Cette espèce, qui se trouve dans la colline de Turin, ne me paraît pas différer d'une Turritelle qui offre le même caractère, et qu'on trouve à Loignan près Bordeaux. La figure a été faite sur cette dernière.

TROCHUS.

T. Lucasianus (1). A.Br.... (pl. II, fig. 6.)

Conicus, basi paululum coarctatus, super anfractibus serie tuberculorum duplici.

Ce Troque ne présente sa forme renflée vers le milieu du cône que quand il est adulte; les jeunes sont parfaitement coniques, mais on les reconnaît à la disposition des tubercules. La face inférieure du dernier tour de spire qui forme la base de la coquille est striée transversalement.

L. Castelgomberto.

(Collection Maraschini, Defrance, etc.)

(1) Dédié à M. Lucas fils, qui l'a rapporté d'Italie.

(56)

Tr. Boscianus (1). A.Br. — (pl. II, fig. 11.)

Perfectè conicus, super anfractibus seriebus tuberculorum elongatorum senis; binis inferioribus proeminentibus.

Ce Troque a l'air d'être ceint de deux rangées de tubercules saillans ; sa base est profondément gravée de sept à huit stries marquées de points enfoncés.

L. Castelgomberto.

(Collection Maraschini.)

T. carinatus. Bonson. — (pl. IV, fig. 5 a, b.)

Obliquè-conicus; anfractibus planis, propè suturam obtusè carinatis, rugis obliquis; aperturá patulá, peristomate in basim expanso.

Bonson. Orittogr. piem., pag. 84, nº 9, tav. II, f. 2.

Cette espèce est assez voisine du *Trochus patulus* de Brocchi : elle paraît devoir former avec cette espèce un groupe particulier dans le genre *Trochus*. La carène du dos est très-remarquable, et plus sensible encore que dans la figure *b*.

L. de la montagne de Turin.

T. Benettiæ. Sow. — (pl. VI, fig. 5.)

Conicus, corpora varia agglutinans, anfractibus planis supra et infra strüs obsoletüs cancellatis ; umbilico nullo.

La figure a été faite d'après un échantillon très - entier qui vient de Loignan près Bordeaux ; mais autant qu'on puisse en juger par sa forme conique très-caractéristique, la même espèce se trouve dans la montagne de Supergue près Turin.

C'est cette forme, très-différente de celle des *Trochus agglutinans* et *cumulans*, qui m'a décidé à le regarder comme une espèce distincte. Quant à ces deux derniers, ils diffèrent beaucoup moins entre eux ; cependant tous les *Trochus agglutinans* de Grignon ont un ombilic bien marqué ; les *T. cumulans* ne paraissent pas même en avoir la place : ils diffèrent aussi par ce caractère des espèces des collines subapennines, et ceux-ci, tant les ombiliqués que les non ombiliqués, diffèrent de ceux de Grignon par des stries treillisées qui ne se voient en aucune manière dans ces derniers.

Je trouve entre le Trochus que je viens de décrire et celui que M. Sowerby a fait connaître sous le nom de *Tr. Benettiæ* une si grande ressemblance, que je n'aurais pu indiquer aucun signe différentiel si j'avais voulu en faire une espèce particulière.

(1) Dédié à M. Bosc, qui l'a rapporté de Ronca avec beaucoup d'autres coquilles.

T. cumulans. A.Br..... (pl. IV, fig. 1, a. b. c.)

Depresso-conicus, corpora varia agglutinans in suturis anfractuum; anfractibus externè rudibus; basi plicatâ undulatâ, striis obsoletis cancellatis; umbilico nullo.

De Castelgomberto dans le Vicentin.

(Collection Maraschini.)

T. excavatus. A.Br.... (pl. VI, fig. 10.)

Conico-elongatus, anfractibus sulco profundo separatis, carenâ acutâ in medio præditis; basi.....

Je ne fais qu'indiquer cette espèce, dont les échantillons sont trop imparfaits pour donner lieu à une description complète, mais qui sont cependant assez caractérisés pour qu'on voie que c'est un *Trochus* différent de ceux que l'on connaît.

Le nom d'*excavatus* lui avait été donné par M.de Schlotheim sur les échantillons du calcaire des environs de Mayence qui le renferment.

SOLARIUM.

S. umbrosum. A.Br.... (pl. II, fig. 12.)

Convexo-depressum, striatum; anfractuum marginibus lineâ elevatâ granulatâ ornatis, umbilico majore plicis grossis crenato.

Il a beaucoup de ressemblance avec le *Sol. plicatum*, Lam.; mais les stries qui sont entre les lignes élevées qui bordent les tours de spires sont lisses au lieu d'être crénelées comme dans ce dernier.

L. Ronca.

(Collection Maraschini.)

AMPULLARIA.

A. Vulcani. A.Br.... (pl. II, fig. 16, a. b. c.)

Ventricosa, longitudinaliter striata, spirâ brevi. Aperturæ longitudo triplo major quam latitudo; sulco umbilici obtecto.

L. Ronca.

A. perusta. Defr. — (pl. II, fig. 17.)

Ventricosa, lævis seu vix striata, spirâ brevi. Aperturæ longitudo duplo major quam latitudo, sulco umbilici obtecto.

On voit sur quelques individus qui ont subi peu d'altération des zones longitudinales brunes comme dans les Ampullaires vivantes. La différence dans

8

la proportion de l'ouverture est constante dans tous les individus , et doit la faire distinguer de la précédente plus encore que les stries dont cette dernière est pourvue , et qui manquent à l'*Ampullaria perusta*.

L. Ronca.

A. obesa. A.Br.... (pl. II, fig. 19.)

Ventricosa, crassa, spirá mediocri subcanaliculatá, subtilissimè transversim striatá, striis punctulatis. Apertura irregularis labro subsinuato , umbilico callo obtecto.

Les stries longitudinales ponctuées sont rares dans les Ampullaires, et m'avaient fait douter que cette coquille appartînt à ce genre; mais elle en a tous les caractères.

L. Montecchio - Maggiore , Castelgomberto , Brendola d'après M. de Buch.

A. depressa. Lam. *Ann. du Mus.*, n° 7, t. 8, pl. LXI , fig. 3. — Sow., tab. 5, f. 6 , 7.

Elle ne diffère de celle des environs de Paris que par une épaisseur plus considérable. M. de Schlotheim paraît avoir eu cette espèce en vue en parlant de la coquille de Ronca à laquelle il a donné le nom d'*Helicitis roncanus* (*Petref. Kunde*, p. 106 , n° 19).

L. Ronca.

A. spirata. Lam. *Ibid.*, n° 6, fig. 7.

Les différences, s'il y en a , tiennent également à l'épaisseur.

L. val Sangonini,

(Collection Maraschini.)

A. Cochlearia. A.Br.... (pl. II , fig. 20.)

Globosa, spirá brevi, aperturá amplá, semi-circulari, labro porrecto cochleariformi; sulco umbilici semi-tecto.

La coquille est lisse; mais la lèvre droite est chargée intérieurement et vers son bord seulement de rides ou plis parallèles à ce bord.

L. Castel-Gomberto.

(Collection Maraschini.)

MELANIA.

On sait que ce genre artificiel renferme un grand nombre d'espèces hétérogènes, différentes par la forme générale , par les habitudes , et même par le caractère artificiel , tiré de la forme de l'ouverture. C'est donc pour me conformer à ce qui a été fait, et sans rien préjuger sur les habitudes de l'animal de la coquille que je vais décrire, que je la place dans le genre *Melania*.

M. Stygii. A.Br. (pl. II, fig. 10.)—Fortis, *della Val. di Ronca.*, tav. I, fig. 7.—Hacquet, tab. II, fig. 10.

Fusiformis, anfractibus convexiusculis, inferioribus lævibus, supremis verticaliter subtilissimè striatis præcipuè in junioribus. Apertura integra, ovatooblonga, labro interiori in columellá deverso.

On peut remarquer, par les expressions conservées dans cette description, que cette coquille a beaucoup de ressemblance avec le *Melania lactea* de Lamarck, surtout avec les gros individus qu'on trouve à Lisy près Meaux ; mais celle-ci est constamment conique dans tous les âges : le *Melania stygii* présente au contraire des individus qui ont entre eux d'assez grandes différences suivant leur âge. Je viens de décrire un adulte ; lés jeunes sont ou coniques et très-alongés, ou coniques et renflés à leur base sans offrir l'amincissement qui donne aux adultes la forme d'un fuseau très-court. Les stries des premiers tours de spire sont aussi beaucoup plus sensibles.

L. Elle est extrêmement abondante à Ronca.

Si, comme on peut le soupçonner, cette coquille est la même que celle qui a été décrite par M. Borson, sous le nom de *Melania inflata*, tav. II, fig. 14, elle se trouverait aussi dans la colline de Turin.

M. costellata. Lam. *ann. du mus. t.* 4, 430, n° 1, *t.* 8, pl. 60. XII, fig. 2.

Var. **Roncana.** A.Br.... (pl. II, fig. 18.)

Elle diffère si peu de la *Melania costellata* de Grignon, qui elle-même présente tant de variétés suivant les lieux, l'âge, l'état de conservation, etc., que je n'ai pas cru devoir la regarder comme une espèce particulière.

Ses différences principales consistent dans les côtes verticales qui sont plus nombreuses, plus petites et plus serrées, et dans des élévations ou côtes variqueuses qui se suivent sur deux rangs. Cette disposition se voit dans les individus de la *Melania costellata* de Valogne et de Chaumont.

L. Ronca, Sangonini.

(Collection Maraschini, etc.)

M. elongata. A.Br.... (pl. III, fig. 13.)

Turrito-subulata. Anfractibus convexis, costatis, striis elevatis, tenuissimis, longitudinalibus, aperturá ovali, integrá.

Scalaria fimbriata. Borson, *Oryctog. piem*, p. 32, n° 3, tav. II, fig. 9.

Cette coquille, qui est très-voisine du *Melania canicularis*, etc., de Lam.,

8.

présente quelques côtes élevées , qui ressemblent à des varices , et qui la rapprocheraient des Cyclostomes , si la forme de l'ouverture pouvait convenir à ce genre .

Dans la figure l'ouverture n'est pas assez ovale.

L. de Castel-Gomberto , dans le Vicentin.

(Collection Maraschini.)

NERITA.

N. conoidea. Lam. *Ann. du mus.* tom. V, p. 52, n° 1.—Hacquet, pl. II , fig. 12. — (pl. II , fig. 22, a. b. c.)
Nerita perversa. Linn.-Gmel.—Park. *Org. rem.* vol. 3. pl. VI, fig. 4. 6. mala.

J'ai fait figurer un individu du Soissonnais, parce qu'il était en meilleur état qu'aucun de ceux de Ronca. Mais je puis assurer qu'il n'y a pas de différence appréciable entre les Nérites conoïdes de France et celles de Ronca.

L. Ronca.

N. Acherontis. A.Br.... (pl. II, fig. 13.)

Semiglobosa, striata, striis spiræ vicinis tuberculatis, labris muticis.

Elle est d'une assez grande taille, et paraît avoir été d'un brun noirâtre , qui est une couleur assez commune dans les Nérites.

L. Ronca.

(Collection Maraschini.)

N. Caronis. A.Br.... (pl. II, fig. 14.)

Semiglobosa, multisulcata, sulcis lævibus, labris....

Elle diffère essentiellement de l'espèce précédente. L'individu que je décris ne laisse pas voir les bords de l'ouverture.

L. Castel-Gomberto.

(Collection Maraschini.)

NATICA.

N. cepacea. Lam. *Ann. du mus.* T. V, p. 94. n° 3. et t. VIII, pl. 62. XIV, fig. 5.

Si on compare celle du Vicentin à la figure de Lamarck, on trouvera des différences assez notables dans la forme et surtout dans celle de la spire , beaucoup plus saillante dans la figure que dans l'individu que nous décrivons. Mais en la comparant avec le *Natica cepacea* de Grignon, que nous possédons dans nos collections , ces différences s'évanouissent.

L. Val de Chiampo , S.-Jovanne-Hilarione.

(Collection Maraschini.)

N. epiglottina. Lam. *ibid.* n° 2. fig. 6.

L. Ronca. Très-abondant.
Turin. — Banyules-des-Aspres.

Conus.

C. deperditus. (Pl. III. fig. 1. *a. b.*) Lam. *Ann. du mus.* T. 1, p. 386. n° 1. et t. VII, pl. 14. VII, fig. 1, mala. — Brocchi, vol. II, tav. III, fig. 2.

Je n'ai découvert d'autre différence entre ce Cône et ceux qui ont été décrits sous ce nom, qu'un peu plus d'écartement dans les stries.

Je soupçonne que M. de Schlotheim a eu cette espèce en vue, à l'article de son *Conus cingulatus,* en citant le *Conus virginalis* de Brocchi, et la figure II d'Hacquet.

L. Ronca. — On trouve aussi dans la montagne de Turin une espèce qui ne me paraît pas en être différente.

(Collection Maraschini, etc.)

C. alsiosus. A.Br.... (pl. III, fig. 5.)

Subfusiformis ; spirâ elevatâ, conicâ ; anfractibus convexis, subtilissimè striatis, marginatis ; testæ basi profundè striatâ.

L. Ronca. Dax.

(Collection Maraschini. A.Br.)

C. Noe. Brocc. pag. 293, tav. III, t. 5. — (pl. III, fig. 2.)

J'ai hésité long-temps à rapporter ce Cône à l'espèce que M. Brocchi a décrite sous ce nom ; mais ne pouvant trouver de caractères assez sensibles pour l'en distinguer, j'ai cru devoir éviter de multiplier les espèces sans des motifs suffisans.

Il est très-présumable que c'est l'espèce rapportée par M. Borson (1), mais avec doute, au *Conus informis* Lam. espèce vivante. Celui que j'ai fait figurer et celui de M. Brocchi diffèrent trop du *Conus informis* figuré dans l'Encyclopédie, pl. 337, fig. 8, pour qu'on puisse les confondre avec lui.

L. L'individu figuré vient de la colline de Turin.

Cypræa.

Il y en a au moins quatre espèces, tant à Ronca que dans les autres lieux déjà cités. Deux se rapprochent un peu de l'*inflata* de Lam. et de l'*amygda-*

(1) *Orittographia piemontese*, pag. 11, n° 6.

lina de BROCCHI; mais il est impossible de les déterminer dans l'état de conservation très-imparfaite où on les trouve.

J'ai cru pouvoir distinguer les deux suivantes, sans cependant affirmer que ce soit réellement des espèces parfaitement distinctes.

C. inflata ? Lam. *Ann. du M.* t. VI, pl. 44. II, fig. 1.

L. Ronca.

C. Amygdalum ? Brocc. p. 282, n° 6. tav. II, fig. 4.

L. Ronca.

C. Lyncoides. A.Br.... (pl. IV, fig. 11. a. b.)

Oblongo-ovata, posterius acutiuscula, labris paululum remotis et excavatis; dentibus circiter 22-25.

L. Montagne de Turin.

Elle a quelques rapports avec le *Cypræa lynx;* mais elle est plus grande, plus large, plus aplatie en dessous, et par conséquent moins cylindrique.

C. annularia. A.Br.... (pl. IV, fig. 10. a. b.)

Oblongo-ovata, posterius acutiuscula; testæ dorso annulo vix impresso ; labris posterius paululum remotis, non excavatis; dentibus circiter 20.

Cette espèce paraît très-voisine de la suivante, mais la forme est différente , et l'anneau dorsal est bien moins marqué.

L. Montagne de Turin.

C. Annulus. Brocc. p. 282, n° 2. tav. II, fig. 1. r. b.

L. Ronca.

TEREBELLUM.

T. obvolutum. A.Br.... (pl. II, fig. 15.)

Subcylindricum, spirá exsertá, brevi.

Elle ressemble beaucoup plus au *Terebellum Terebra (Bulla terebellum* de L.) qu'au *Tereb. convolutum* de Grignon, qui n'a pas de spire extérieure, et dont M. Sowerby a cru devoir faire un genre sous ce nom. La spire est très-visible, mais moins longue que dans les *Terebra,* et par conséquent à rampe beaucoup moins oblique.

L. Ronca , etc.

(Collection Maraschini.)

OLIVA.

O. Picholina. A.Br.... (pl. III, fig. 4.)

Ovata, spirâ brevi.

Elle diffère de toutes les Olives fossiles décrites, par sa forme, qui est tout-à-fait celle d'une olive. Je n'en vois qu'une espèce d'Anjou, qui s'en rapproche tellement, que je crois pouvoir la réunir à celle-ci, sous le même nom; elle est seulement plus grande.

L. Là Montagne de Turin.

M. Borson décrit, sous le nom d'*Oliva cylindracea*, une espèce très-commune, dit-il, à l'état spathique, dans le sable endurci des environs de Turin; mais la figure et la description paraissent établir entre cette Olive et l'*Oliva picholina* des différences notables.

ANOLAX. *Roissy.* (ANCILLA, puis ANCILLARIA. *Lam.*)

A. inflata. Borson. *Oryctog.* piem. pag. 25. n° 3. tav. I, fig. 7. — (pl. IV, fig. 12. a. b.)

Ovato-gibbosa, spirâ conico-obtusâ, callo columellæ plicato.

Cette coquille remarquable ne se rapproche d'aucune espèce plus que de celle qu'on trouve à Loignan près Bordeaux, et que M. Defrance a nommée *A. glandiformis.*

L. La montagne de Turin.

VOLUTA.

V. affinis. Brocc. p. 306. n° 1. tav. XV, fig. 8. — (pl. III, fig. 6. a. b.)

Je ne doute pas que l'espèce que je cite, et qui, par le sable mêlé de grains de serpentine qu'elle renferme, indique qu'elle vient de la montagne de Turin, ne puisse être rapportée à cette Volute de Brocchi.

L. Ronca. Montagne de Turin.

V. crenulata. Lam. *Ann. du Mus.* t. VI. n° 8.—Enc. pl. 384. fig. 5.

L. val Sangonini. Cette coquille se trouve aussi à Courtagnon, à Parnes, à Hordwell dans le Hampshire. Elle présente dans chacun de ces endroits de très-légères différences, c'est à celle d'Hordwell que la Volute d'Italie ressemble le plus.

(Collection Maraschini.)

V. subspinosa. A.Br. (pl. III, fig. 5.)

Ovata, brevis, valdè costata, basi emarginatá, plicatá; spirá brevi, spinosá; spinarum uná serie.

Cette Volute ressemble tellement au premier aspect au *Voluta spinosa*, que je l'avais d'abord prise pour elle, mais un examen plus attentif y fait remarquer les différences que la définition précédente et la figure indiquent. J'en ai vu une autre qui tient le milieu entre la *spinosa* et la *crenulata*; mais je n'ai pas cru devoir établir encore une espèce sur un seul individu.

L. Ronca.

(Collection Maraschini.)

V. Citharella. A.Br.... (pl. VI, fig. 9. a. b.)

Fusiformis, multi-costata, costis rotundatis, nonnullis varicosis, illis et interstitiis transversim striatis, columellæ basi plicis duabus vcl tribus.

Cette Volute ressemble tellement au *Voluta harpula*, qu'on est disposé à la regarder comme identique; mais les notes distinctives indiquées par la description précédente établissent suffisamment sa différence.

L. Montagne de Turin.

MARGINELLA.

M. eburnea. Lam., *Ann. du Mus.*, T. II, p. 61, et T. VI, pl. 44, fig. 9.)

L. Elle se trouve à Ronca et à Sangonini, et ne m'a paru différer de celle des environs de Paris, qu'en ce qu'elle est un peu plus grande.

M. Phaseolus. A.Br.... (pl. II, fig. 21 a. b.).

Conoidea, spirá obtusè plicatá, plicis ultimi anfractûs amplioribus, raris; labro marginato.

Elle ne diffère de la *Marginella Faba*, qui est une espèce vivante, que parce que les plis du dernier tour de spire sont plus gros et bien moins nombreux.

L. Ronca et la montagne de Turin.

NASSA.

N. Caronis. A.Br.... (pl. III, fig. 10.) — Borson. Oritt. piem. tav. 1, fig. 12.)

Ovato-conica, lœvis, aperturá ellipticá, labris lœvibus, interno supernè uniplicato; spirá canaliculatá.

M. Borson rapporte cette espèce, mais avec doute, au *Buccinum muta-*

bile de Linné et de Brocchi. Tout en convenant de la ressemblance qu'il y a entre cette Nasse et celle qui est figurée par Gualtieri, je trouve dans les formes assez de différence pour croire qu'on doit désigner l'espèce fossile par un nom particulier.

Cette coquille s'éloigne un peu des autres Nasses par sa forme, et s'en distingue principalement parce qu'elle n'offre ni tubercules, ni stries dans aucun sens.

Elle se trouve à Ronca, et j'y rapporte aussi les Nasses de même forme et de même aspect qu'on trouve dans la montagne de Turin, mais qui paraissent différer un peu de celles de Ronca, parce qu'elles sont un peu plus alongées, et que le canal de la spire est bien moins senti.

N. semistriata. Borson. *Orittog. piem.*, pag. 59, nº 15, tav. 1, fig. 10. — (Pl. VI, fig. 8, *a. b.*)

Ovato-acuta, planè lævis seu nonnullis striis obsoletis distantibus; labro intùs sulcato.

Le *Buccinum semistriatum* de Brocchi a la plus grande ressemblance avec cette Nasse; mais il est plus court, plus renflé, et les stries visibles sur la base du dernier tour de spire sont bien distinctes dans la *Nassa semistriata* de Borson. On n'en voit aucune, du moins sur les individus de Turin, que représente la figure *a*, et seulement quelques-unes écartées, très-peu profondes sur les individus des falunières d'Anjou, que représente la fig. *b*. Mais il est probable que ces stries auront été effacées par l'état cristallin du test des coquilles fossiles de Turin, état qui semble avoir fait éprouver une sorte de gonflement à ce test.

RANELLA.

R. marginata. *Buccinum marginatum* (1), Brocchi. P. 332, nº 14, tav. IV, figure 17, *a. b.* — (Pl. VI, fig. 7.)

La figure que je donne diffère beaucoup de celle que je rapporte à la même espèce, dans l'ouvrage de M. Brocchi. Mais ces différences tiennent à ce que ce naturaliste a figuré, comme il le dit lui-même, un jeune individu, et que celui que représente notre figure 7 était dans ce que l'on regarde comme l'état adulte dans les coquilles. La suite des échantillons tend à prouver l'identité d'espèce de deux coquilles si différentes dans les différens âges.

Je connais cette coquille dans la montagne de Turin, et les individus que j'ai vus montraient très-bien la transition de la forme du jeune âge à un âge plus avancé. L'individu figuré vient du val d'Andone. Je connais en-

(1) *Buccinum marginatum*, Linn.-Gmel., nº 63....... *Hactenùs modo fossile repertum in Pedemontio.*

core cette même coquille dans le terrain meuble de Banyul-des-Aspres. Elle pourra peut-être servir par sa forme particulière à caractériser les terrains de sédiment supérieurs.

Je conviens que cette coquille, surtout dans son état adulte , s'éloigne beaucoup des Pourpres pour se rapprocher des Ranelles , et qu'elle serait peut être mieux placée dans le premier genre.

CASSIS.

C. striata. Sow. Tab. 6 , les 4 fig. inférieures 4, 5, 6 et 7 ? — (Pl. III, fig. 9.)

Ovato-fusiformis , transversìm striata, cingulis binis vel tribus carinatis, tuberculosis.

La différence qui paraît exister entre la figure que je donne et celle de M. Sowerby paraît être due à l'imperfection de cette dernière. Cependant comme cette cause s'oppose à la comparaison exacte de ces coquilles , il serait possible que l'espèce actuelle fût réellement différente du *Cassis striata* de SOWERBY.

L. De Ronca.

(Collection Maraschini.)

C. Thesei. A.Ba.... (pl. III, fig. 7, a. b.)

Ovato-inflata , longitudinaliter costata , costis raris supernè valdè distinctis rotundatis, infernè obsoletis, striis transversis ; caudâ recurvâ , brevi.

Les côtes sont beaucoup moins nombreuses que dans le *Cassis harpæformis* , dont cette espèce se rapproche. Elles sont très-saillantes , et larges par en haut , et comme divisées en deux tubercules, mais d'une manière très-peu nette. Les anciens rebords de la lèvre intérieure forment sur les tours de spire plusieurs varices.

L. De Ronca , etc.

(Collection Maraschini.)

C. Æneæ. A.Ba.... (pl. III, fig. 8, a. b.)

Ovato-inflata , longitudinaliter multi-costata , costis rotundatis , obtusis , supernè uni-tuberculosis, striis transversalibus nullis ; caudâ recurvâ , brevi.

L. Ronca.

(Collection Maraschini.)

Murex.

M. doliaris. Brocc. t. I, p. 398, n° 13. — (pl. VI, fig. 5.)

Un Murex de cette espèce, parfaitement identique avec celui des collines subapennines, se trouve dans un terrain analogue à Banyul-des-Aspres.

M. tricarinatus. Lam. *Ann. du Mus.* t. II, p. 221, n° 2.

Il diffère si peu du *M. tricarinatus* des environs de Paris, qu'il ne m'a pas paru convenable de l'en séparer. Les varices ailées sont plus grosses, les sillons transversaux paraissent moins nombreux; mais ces différences peuvent résulter de la structure spathique qu'il a acquise.

L. Des collines calcaréo-trappéennes du Vicentin.

(Collection Maraschini.)

M. angulosus ? Brocc. t. I, p. 411, n° 29, tav. VII, fig. 16.

Il est aussi des collines calcaréo-trappéennes du Vicentin. Il diffère un peu de celui des collines subapennines, décrit par Brocchi, en ce qu'il est plus petit, plus fusiforme ; le canal est plus prolongé; mais je ne vois pas de différences assez notables pour en faire une espèce.

(Collection Maraschini.)

Terebra.

T. Vulcani. A. Br.... (pl. III, fig. 11.)

Conica, longitudinaliter costata; anfractibus sub-planis quasi duplicatis, costis distinctis.

Je n'ai pas vu l'ouverture de cette coquille. On sent que je ne puis la rapporter au genre *Vis*, par le caractère tiré de cette partie; mais la particularité d'avoir les tours de spire comme doublés, qui appartient à ce genre, suffit pour rendre ce rapprochement très-présumable.

L. Ronca.

(Collection Maraschini.)

Cerithium.

C. sulcatum. Brug. Enc. meth. Cérithe, n° 20.

Var. Roncanum. A. Br.... (pl. III, fig. 23.)

Cette espèce diffère si peu du *C. sulcatum* de Bruguière, que je n'ai pas

9.

cru devoir l'en distinguer autrement que par l'épithète qui indique le lieu d'où elle vient.

La différence consiste dans les stries parallèles aux bords de la spire qui sont plus nombreuses et plus fines , et les plis qui sont plus espacés que dans l'espèce vivante. — Je n'ai pas vu la bouche en entier, mais les fragmens qui en restaient suffisaient 'pour indiquer qu'elle avait la forme et la disposition qui sont particulières à cette espèce.

Elle n'a pas été jusqu'à présent décrite comme fossile ; cependant on ne l'a pas seulement trouvée à Ronca. Bruguière dit avoir vu des quantités de Cérithes fossiles dans une marne argileuse , qui renferme des lits minces de houille (c'est sans aucun doute du lignite), au lieu dit Foncaouda près Montpellier, par conséquent comme à Ronca dans un terrain de sédiment supérieur; et comme à Ronca aussi elles avaient toutes l'ouverture brisée, ce qui n'a pas empêché cet habile conchyliologiste de les rapporter à son *Cerithium sulcatum* , espèce qui ne vit actuellement que dans la mer des Indes.

(Collection Maraschini.)

C. multisulcatum. A.Br.... (pl. III, fig. 14, *a. b.*)

Ovatum turritum, plicis longitudinalibus numerosis (circiter sexdecim), transversìm obtusè sulcatum, aperturá circinatá ; caudá rectá, brevissimá.

Si on fait un jour un genre particulier des Cérithes dont l'ouverture est en rond , etc., comme dans le *Cerithium plicatum,* l'espèce actuelle, dont l'ouverture quoique écrasée était entière , devra y entrer.

Les figures représentent suffisamment les différences pour qu'il ne soit pas nécessaire d'y insister davantage.

L. Ronca.

(Collection Maraschini.)

C. undosum. A.Br.... (pl. III, fig. 12.)

Turritum, anfractibus infernè porcis (1) longitudinalibus circiter octo munitis ; supernè transversim quadrisulcatis; aperturá oblongá.

Cette coquille a quelques rapports éloignés avec l'une des Cérithes qu'on nomme *Cer. giganteum*. Ainsi que dans cette espèce, chaque tour de spire est comme partagé en deux: une partie porte de gros plis éloignés que je ne puis mieux comparer qu'à l'élévation qui sépare les sillons, et l'autre des stries profondes parallèles aux tours de la spire ; mais dans le *C. giganteum,* les plis sont supérieurs et les stries inférieures , et dans l'*undosum* c'est le contraire.

L. Ronca.

(Collection Maraschini.)

(1) La terre élevée entre deux sillons.

C. combustum. Defr.— (pl. III, fig. 17.)

Turritum, anfractuum suturá elevatá, subtuberculatá; in medio, costá tuberculis magnis, acutis, armatá; basi quadrisulcatá; aperturá oblongá, caudá rectá; labro expanso.

C'est l'espèce la plus commune à Ronca ; néanmoins je ne l'ai trouvée décrite, ni même figurée de manière à être reconnue, dans aucun des ouvrages que j'ai cités plusieurs fois. Le prolongement du bord columellaire de l'ouverture forme quelquefois comme une sorte de lèvre très-saillante; les côtes et tubercules sont ordinairement peu marqués sur les premiers tours de spire , qui paraissent même quelquefois presque lisses.

L. Ronca.

C. calcaratum. A.Br.... (pl. III, fig. 15.)

Turritum; super anfractibus quadruplici serie tuberculorum ; tuberculis superioris seriei conicis, distinctis, circiter decem, trium inferiorum, minimis, ultimá serie suturali.

Cette espèce, très-commune à Ronca, ressemble tellement au *C. mutabile* de Beauchamp, Grignon, etc., près Paris, qu'il faut y regarder de très-près pour y trouver des différences , qui consistent dans la forme et le nombre des tubercules de la série supérieure; dans le *C. mutabile*, il y en a au moins quinze, et il sont comprimés.

C. bicalcaratum. A.Br....(pl. III, fig. 16.)

Turritum, super anfractibus quadruplici serie tuberculorum, duabus elevatis, acutis, compressis, duabus aliis alternantibus minimis, quarum uná suturali.

Cette Gérithe a beaucoup de ressemblance avec la précédente et par conséquent avec le *C. mutabile;* mais les deux premières series de tubercules élevés, qui la font paraître comme hérissée d'épines, et leur forme aplatie l'en distinguent suffisamment.

L. Elle est encore plus commune que le *C. calcaratum* à Ronca, et dans les terrains analogues du Vicentin , et il paraît que c'est cette espèce que Hacquet a indiquée, pl. II, fig. 8.

C. Castellini. A.Br.... (pl. III, fig. 20.)

Pyramidatum, heptagonum, lineis elevatis transversis, majoribus granosis, minoribus lævibus alternantibus; costis longitudinalibus , inferioribus supernè compressis mucronatis.

Cette belle Gérithe a de l'analogie avec le *C. hexagonum* de Bruguière. Outre les différences que la description indique, elle s'en distingue par sa grandeur. Certains individus entiers ont près d'un décimètre de long.

L. Ronca.

C. Maraschini. A.Br.... (pl. III, fig. 19.) — Fortis, *Ronca*, tav. I, f. X. XI.

Pyramidatum, pentagonum, lineis elevatis, transversis, granosis, striis insterstitialibus, numerosis, lœvibus; costis longitudinalibus arcuatis, quinque, per anfractus omnes, continuis.

Cette Cérithe a une telle ressemblance avec le *C. hexagonum*, qu'elle pourrait bien n'en être qu'une variété, car cette dernière est plus souvent à cinq pans qu'à six ; mais la constance du nombre des pans dans le *C. Maraschini*, qui ne dépasse jamais cinq dans les individus de toute grandeur que j'ai vus, le grand nombre de petites stries qui se trouvent entre les lignes élevées, et un aspect général, un peu différent de celui de la Cérithe hexagone, peuvent être considérés comme des caractères distinctifs suffisans.

L. Elle est très-commune à Ronca.

C. corrugatum. A.Br.... (pl. III, f. 25.)

Turritum, polygonum, lineis elevatis transversis quatuor vel quinque; costis longitudinalibus paululùm arcuatis, circiter duodecim in singulo anfractu.

Cette Cérithe a quelques rapports avec le *C. plicatum;* mais les côtes longitudinales, qui forment les plis et les lignes élevées transverses, sont moins nombreuses : la coquille est aussi plus pyramidale, et par conséquent moins turriculée ou élancée que celle du *C. plicatum* et des espèces qui en sont voisines.

L. Ronca.

(Collection Maraschini.)

C. baccatum. Defr. — (pl. III, fig. 22.)

Pyramidatum, tribus seriebus transversis tuberculorum in anfractibus, superioris tuberculis validioribus, aliarum duarum minoribus, subæqualibus, lineâ elevatâ connexis; basi planâ, lineis elevatis marginalibus binis.

Parmi les espèces bien déterminées, c'est de la Cer. tuberculeuse que cette espèce se rapproche le plus ; mais il est facile de l'en distinguer, tandis qu'elle se distinguera très-difficilement d'autres cérithes beaucoup moins bien caractérisées.

La figure que nous en donnons laisse à désirer sous le rapport de la précision des détails.

L. Ronca, où elle est fort abondante.

C. plicatum. Lam., *Ann. du Mus.*, t. III , p. 345 , n° 18. — (pl. VI , fig. 12.)

Cette Cérithe varie beaucoup et paraît ridée longitudinalement, striée transversalement, ou couverte de tubercules nombreux et disposés en séries transversales ou longitudinales, suivant que les sillons de séparation de ces tubercules sont plus profonds dans un sens que dans un autre ; sa forme alongée la distingue du *C. ampullosum*.

L. Elle se trouve à Castelgomberto dans le Vicentin, aux environs de Paris dans le terrain marin supérieur au gypse, près de Mayence dans le calcaire grossier. L'individu figuré venait de Mayence.

C. ampullosum. A. Ba.... (pl. III , fig. 18.)

Turritum, longitudinaliter corrugatum, lineis elevatis transversis circiter sex ; rugis tuberculatis circiter sexdecim ; anfractibus planis ; basi valdè sulcatâ, porcis tuberculátis.

Cette Cérithe ne diffère du *C. corrugatum* que par le plus grand nombre de stries et de plis qu'elle présente.

L. Elle se trouve à Castelgomberto dans le Vicentin, et en France près de Dax, département des Landes.

C. Stroppus. A. Ba.... (pl. III , fig. 21, *a, b.*)

Pyramidatum, in anfractibus seriebus binis tuberculorum, alterâ superiori tuberculis magnis rotundatis, distantibus, alterâ inferiori tuberculis parvis numerosis, striis intersticialibus ter vel quatuor ; basi valdè tuberculatâ, labro incrassato, caudâ brevi.

Cette espèce, très-remarquable, est aussi très-distincte.
L. Castelgomberto.

(Collection Maraschini.)

C. lemniscatum. A. Ba.... (pl. III, fig. 24.) — Fortis, *Ronca*, tav. I, f. XVI.

Turbinatum, quinque cingulis in quoque anfractu, primo seu inferiori lœvigato, secundo funiculato, tribus aliis tuberculatis, tuberculis cinguli superioris majoribus subquadratis ; basi planâ, lineâ elevatâ ad marginem ; caudâ rectâ, exsertâ.

Cette belle Cérithe ressemble beaucoup au *C. margaritaceum ;* mais en la comparant avec la figure 11 , pl. VI , on aperçoit aisément la différence.
L. Ronca.

(Coll. Bertrand-Geslin.)

C. margaritaceum. — (Murex margaritaceus. Brocchi, p. 447, n° 75, tav. IX, fig. 24.)
(Pl. VI, fig. 11.)

L'individu dont je donne la figure vient de Weinheim près Mayence. Il ne paraît différer de celui des environs de Sienne, figuré par M. Brocchi, que parce qu'il est plus court; mais il y en a de Mayence qui sont plus alongés que celui que l'on a représenté pl. VI, fig. 11.

La forme, le canal recourbé, la base couverte de tubercules, etc., le distinguent suffisamment du *C. lemniscatum.*

C. Diaboli. A.Br. (pl. VI, fig. 19, *a. b.*)

Pyramidatum, anfractibus planis, costis tribus transversis, aliis longitudinalibus tuberculoso-clathratis; basi planá; labro expanso; canali brevissimo.

Cette Cérithe est très-commune vers le sommet de la montagne des Diablerets près Bex, vallée du Rhône; mais son adhérence avec le calcaire noir et dur dans lequel elle se trouve, permet très-rarement d'en avoir des échantillons entiers et suffisamment nets pour être décrits avec exactitude. C'est en réunissant les parties bien conservées sur plusieurs échantillons que j'ai pu arriver à faire faire la figure 19. Il y a trois rangées de lignes élevées parallèles aux tours de spire, qui sont croisées presque perpendiculairement par d'autres lignes élevées; dans le point de croisement il y a des tubercules, en sorte que la coquille a l'air d'être ceinte d'un réseau dont les nœuds des mailles sont représentés par les tubercules. La rangée du milieu est généralement·plus élevée que les deux marginales.

Cette coquille s'éloigne un peu des Cérithes par l'expansion du bord extérieur de l'ouverture, par l'échancrure columellaire de ce bord, et par l'absence totale de canal qui en résulte.

FUSUS.

F. intortus. Lam., *Ann. du Mus.,* tom. II, p. 318, n° 8, et tom. VI. (Pl. IV, fig. 4.)

Celui de Ronca présente quelques légères différences dans son aspect général.

F. Noe. Lam., *Ibid.,* n° 2, tom. VI, pl. IV, fig. 2 ?

On ne peut découvrir aucune différence entre celui de Ronca et celui des environs de Paris : le caractère du repli du bord supérieur de la spire y est très-distinct.

F. subcarinatus. Lam., *Ibid.*, n° 24. — (pl. VI, fig. 1, *a. b. c.*)

var. Roncanus.

Il est abondant à Ronca, et ne diffère de celui du bassin de Paris que par sa dimension, qui est souvent beaucoup plus considérable.

F. polygonus. Lam. *Ibid.*, n° 9. — (pl. IV, fig. 3, *a. b.*)

Ovatus, abbreviatus, transversim striatus ; costis ultimi anfractús in tuberculis sex amplis mutatis ; marginibus anfractuum elevatis, appressis ; aperturá dentatá.

La figure *a* représente un individu du bassin de Paris, et la figure *b* un individu de Ronca. On voit que ce dernier a la spire un peu plus alongée, et les tubercules costaux plus distincts.

F. polygonatus. A.Ba.... (pl. IV, fig. 4, *a. b.*)

Ovatus, elongatus, transversim valdè striatus, costis octo vel novem elevatis totum anfractum percurrentibus ; marginibus anfractuum elevatis, appressis ; aperturá dentatá.

Cette espèce, probablement confondue avec la précédente, mais qui en est cependant bien distincte, se trouve aussi dans le bassin de Paris et dans le Vicentin.

Elle paraît très-voisine du Murex *craticulatus* de Brocch. (P. 406, n° 23.)

PLEUROTOMA.

P. clavicularis. Lam., *Ann. du Mus.*, t. III, p. 165, n° 3.

var. Vicentina.

Il est un peu plus court, le cordon du bord supérieur de chaque spire est un peu plus large, un peu plus distinct, il ne montre point de stries marginales ; mais ce sont les seules différences qu'il y ait entre celui du Vicentin et celui de Grignon, et elles ne m'ont pas semblé suffisantes pour caractériser une espèce.

L. Il vient de Montecchio-Maggiore.

Il y a d'autres Pleurotomes ; mais les individus que j'ai eus étaient trop peu caractérisés et trop peu nombreux pour que j'aie pu les déterminer.

STROMBUS.

Str. Fortis. A.Ba.... (pl. IV, fig. 7, *a. b.*)

Murex lœvis et murex alatus. Fortis, *Ronca*, tav. I, fig. IV, V, VI, IX. — Hacquet, tab. 1, fig. 2, *pessima.*

Labro expanso, integro, postice angulato, cariná anfractuum spiræ tuberculis compressis coronatá, dorsi valdè marginatá ; caudá brevi recurvá.

Les Strombes fossiles sont rares ; celui-ci se trouve assez abondamment à Ronca et dans des âges différens, ce qui a fait croire à plusieurs naturalistes qu'il y en avait deux espèces. Lorsqu'il est jeune, il n'a encore ni l'expansion du bord extérieur, ni ce rebord étendu qu'on remarque sur la carène du dos ou dernier tour de spire.

L'absence du sinus, etc., sont des particularités qui éloignent ce Strombe des autres.

Str. Bonelli. A.B.... (pl. VI, fig. 6, *a, b.*)

Labro incrassato ; spìrá tuberculis crassis coronatá, in dorso duplici serie, caudá.....

Il se trouve dans la montagne de Turin, et l'individu que je décris a le test de la coquille épaissi et changé en calcaire spathique ; ce qui a dû arrondir les tubercules et effacer les stries.

(Dedié à M. Bonelli de Turin.)

PTEROCERUS.

P. Radix. A.Bn.... (pl. IV, fig. 9.)

Testa conica, labro...... spirá tuberculis-rotundatis coronatá, transversim regulariter multisulcatá, porcis duplicatis.

C'est par analogie de forme que je rapporte cette coquille aux Ptérocères ; car je n'ai vu ni l'ouverture, ni l'expansion du bord externe, ni le sinus de la base de ce bord ; mais celui-ci semble indiqué par les plis arrondis qu'on observe sur le dos du dernier tour et vers la base. Le sommet était tronqué dans l'individu figuré, ainsi qu'on l'observe sur l'espèce nommée vulgairement la *racine de Bryone.*

L. Des *Monte-Grumi* près Castel-Gomberto.

(Collection Maraschini.)

ROSTELLARIA. *Lam. Cuv.*

R. corvina. A.Bn.... (pl. IV, fig. 8.)

Testa turrita, lævis, anfractibus planis, ultimo gibboso ; caudá....... labro.......

La forme de cette coquille lui donne de la ressemblance avec les Cérithes. L'imperfection des échantillons, qui n'ont conservé ni la queue ni l'expansion extérieure de l'ouverture, ne permet pas de vérifier la réalité de cette ressemblance ; mais l'absence des côtes, des tubercules, et la gibbosité bien marquée des derniers tours de spire, la rapprochent tellement des Rostellaires,

et surtout de celui qu'on appelle le *fuseau de Ternate* (*Strombus fusus L.*),
qu'on ne peut guère douter que cette coquille n'appartienne à ce genre.

L. Ronca.

(Collection Maraschini. — A.Ba.)

R. Pescarbonis. A.Ba.... (pl. IV, fig. 2, a. b.)

Testa. . . . . . .
anfractibus transversim striatis, longitudinaliter costatis, ultimo tricarinato;
carinâ dorsi tuberculatâ.

Cette Rostellaire ressemble beaucoup plus à l'espèce vivante que la coquille
fossile des environs de Plaisance, à laquelle on a donné le nom de *Pes-pelecani;* car dans les individus vivans les tours de spire sont garnis d'une
arête composée de gros tubercules; et dans beaucoup d'individus du Plai-
santin, l'arête est lisse sans aucun tubercule, ou seulement munie de quelques points saillans. Dans le *Pescarbonis,* les tours de spire ne sont point
carénés, mais marqués de côtes longitudinales qui semblent être les tubercules alongés.

Ce qui restait de la lèvre dans l'individu figuré pouvait faire présumer
qu'elle ressemblait à celle du *R. Pes-pelecani.*

L. Ronca.

(Collection Maraschini.)

PYRULA.

P. condita. A.Ba.... (pl. VI, fig. 4, a. b.)

Testa pyriformis, spirâ retusâ, decussata, transversim sulcata, porcis latis, striis
duabus in sulcis.

Aucune des descriptions des Pyrules mentionnées dans les ouvrages de
MM. de Lamarck, Brocchi, Sowerby, Borson, etc., ne convient exactement
à cette espèce; et cependant je n'oserais pas assurer qu'elle soit réellement
différente ou de la *P. clathrata* ou de la *P. nexilis*, ou même de la *P. fas-*
ciata de Borson; mais la brièveté de sa spire l'éloigne de la *P. nexilis,* et la
circonstance de la grosseur des côtes élevées entre les sillons, et de deux ou
trois petites stries dans leur intervalle, semblerait suffisante pour la distinguer du *P. clathrata,* si toutefois ce n'est pas par omission qu'on n'a mentionné qu'une strie interstitiale dans cette dernière.

La figure que nous donnons n'en représente aussi qu'une, mais c'est une
inexactitude.

L. Cette Pyrule se trouve dans la montagne de Turin, et j'y rapporte
aussi celle de Loignan près Bordeaux, quoique beaucoup plus grosse.

10.

Patella.

P. sulcata. Bonson. *Mem. taur.*, t. XXV. — (pl. **VI**, fig. 18, *a. b. c.*)

Conico-depressa, aperturâ ovatâ, mucrone ad marginem verso, costis creberrimis, obtusis, granosis.

Cette coquille ressemble de très-près au *P. deaurata ;* mais elle est beaucoup plus petite et le sommet est encore plus porté en arrière.

L. Elle se trouve dans le sable serpentineux de la colline de Supergue près Turin.

Spondylus.

S. Cisalpinus. A.Br... (pl. **V.** fig. 1. *a. b. c.*)

Gibbus, obliquè rotundatus, in valvâ inferiori sulcis longitudinalibus et lamellis transversalibus interruptis, in superiori solummodo sulcis versùs marginem squammoso-asperis.

Les Spondyles sont difficiles à caractériser. Celui-ci paraît différer de tous les autres Spondyles fossiles, par ses côtes arrondies, nombreuses, à peine marquées de quelques aspérités sur la valve supérieure, mais traversées et comme croisées par des lames nombreuses, minces, sur la valve inférieure.

La figure fait paraître ces lames trop épaisses, et ne rend pas suffisamment les aspérites écailleuses de l'extrémité marginale des côtes de la valve inférieure.

L. De Castel-Gomberto, dans les monts *Grumi.*

(Collection Maraschini.)

Pecten.

P. lepidolaris. Lam, ou au moins un ' espèce qui en est très-voisine.

L. Ronca.

P. plebeius? Lam.

L. De la montagne de Turin.

Arca.

A. Pandoræ. A.Br.... (pl. **V.** fig. 14. *a. b.*)

Oblonga, transversa, depressa, subsinuata, transversim costata, costis extremitatum squammis fornicatis, medianis submuticis, costellâ interstitiali.

L'Arche à laquelle cette espèce fossile ressemble le plus est l'*A. barbatula;*

mais ses côtes sont plus grosses, par conséquent beaucoup moins nombreuses.
L. Vicentin , Castel-Gomberto.

PECTUNCULUS.

P. pulvinatus. var. Taurinensis. A.Ba.... (pl. VI , fig. 16. a. b.)

Transversè ovatus, paululò latior quàm longior; sulcis lævigatis obsoletis; areá ligamenti latá.

L. De la montagne de Turin.

P. pulvinatus. var. Pyrenaïcus. A.Ba.... (pl. VI. fig. 15. a. b.)

Subcircularis, paululò longior quàm latior; sulcis lævigatis obsoletis; areá ligamenti latá, perfectè triangulari.

L. Les environs de Banyul-des-Aspres , sur la rive gauche du Tech , au pied des Pyrénées orientales.

Il y a une famille entière de Pétoncles à laquelle on peut assigner le nom de *pulvinatus*. Quoique ces Pétoncles, examinés avec attention, offrent entre eux des différences suivant les lieux d'où ils viennent, ils ressemblent néanmoins tellement au *P. pulvinatus* des environs de Paris , décrit par M. de Lamarck, qu'on ne peut exprimer ces différences par aucune description générale , qu'on ne peut même l'indiquer avec clarté par des figures , quelque exactes qu'elles soient, et qu'enfin il est souvent très-difficile de trouver des limites distinctives entre les échantillons de ces Pétoncles. Cependant en prenant les extrêmes, on voit bien qu'ils diffèrent, on voit même que ces différences se maintiennent sur un grand nombre d'individus, et enfin, ce qui est tout-à-fait important pour notre objet, qu'elles sont assez en rapport avec les lieux et les terrains.

Ainsi en comparant les figures des deux variétés que nous venons de décrire, on voit que leurs différences consistent principalement dans leurs formes; mais je n'ai pas trouvé ces différences assez notables pour les ériger en espèce, et, présumant qu'il en était dans le monde antidiluvien comme dans celui-ci , et que les espèces ne faisaient que varier en raison des lieux qu'elles habitaient, il m'a semblé que la distance des lieux, quoique peu considérable, pouvait suffire pour expliquer ces variations.

MYTILUS.

M. corrugatus. A.Br.... (pl. V. fig. 6.)

Oblongo-spatulatus, sulcis transversis, flexuosis, porcis latis, rotundatis.

Cette coquille est bien une Moule et non une Modiole ; dans les échantillons bien entiers, la position terminale des crochets n'est pas équivoque ; les côtes entre les sillons sont quelquefois bifurquées vers leur extrémité. Elle se rapproche un peu par cette disposition de la *Modiola sulcata* de Lamarck.

L. Elle se trouve assez communément à Ronca.

Il y a deux autres espèces de Moule à Ronca, mais le mauvais état des échantillons que je possède ne m'a pas permis de les décrire.

L'une est plate, lisse, unie, et ressemble un peu par cette forme au *Mytilus antiquorum* de Sowerby.

L'autre est lisse aussi, mais à carène courbée, à crochets très-pointus, et ressemble fort bien à certaines variétés du *mytilus edulis*.

M. Faujasii. A.Br.... (pl. VI, fig. 13.) — FAUJAS, *Ann. du Mus.*, tom. VIII, pl. LVIII, fig. 13 et 14.

Planiusculus, subcurvatus, subcarinatus, lævis, natibus subterminalibus.

L. Du Weisenau et des autres collines de calcaire grossier des environs de Mayence.

Je n'oserais pas affirmer que cette coquille n'est point une Modiole, mais n'ayant jamais pu voir très-clairement la position de la charnière, et la soupçonnant terminale, malgré le renflement de la partie antérieure, je la laisse parmi les Moules.

Faujas a parlé de cette Moule, il l'a même figurée ; mais la figure m'a paru peu exacte, et aucune description et dénomination systèmatiques n'ont encore été données pour arrêter la spécification de cette coquille.

M. Brardii. A.Br.... (pl. VI, fig. 14.) — FAUJAS, *Ann. du Mus.*, t. LVIII, pl. VIII, fig. 11 et 12.

Convexus, rectus, pyriformis, natibus acutis, terminalibus.

Cette Moule très-petite ressemble un peu par sa forme à celle que M. Sowerby a décrite sous le nom de *M. antiquorum;* mais outre la différence de taille trop considérable pour qu'elle puisse se présenter dans une même espèce, le *M. Brardii* a presque la forme d'une poire, les crochets étant presqu'à l'extrémité de l'axe.

L. Du même lieu que la précédente.

LUCINA.

L. Scopulorum. A.Br.... (Non figuré.)

Orbiculata, convexa, sublævigata, striis transversis obsoletis et plicis longitudinalibus obtusis, irregularibus.

Elle diffère à peine du *Lucina saxorum.*
L. Ronca et la montagne de Turin.

L. gibbosula. Lam.

L. Ronca, Castel-Gomberto.

CARDITA.

C. Arduini. A.Br.... (pl. V, fig. 2, a. b.)

Oblonga, compressa, costis crassis, remotis, imbricato-squamosis.

Cette coquille ressemble un peu au *Cardita calyculata,* mais elle est moins bombée ; la partie antérieure, quoique très-courte, comme dans cette espèce, est droite, et les crochets sont très-recourbés.

Je n'ai pas vu la charnière de cette espèce, que je rapporte aux Cardites, d'après ses formes extérieures.

De Sangonini dans le Vicentin.

(Coll. Maraschini.)

CARDIUM.

C. asperulum. Lam. *Ann. du Mus.,* t. VI et t. IX, pl. XVII, f. 7. — (pl. V, f. 13.)

L. Dans le calcaire des *Monte-Grumi* et de Castel-Gomberto, dans le Vicentin.

(Collection Maraschini.)

VENERICARDIA.

V. imbricata. Lam. *Ann. du Mus.,* t. IX, pl. XX, f. 1.

Les différences que les individus du Vicentin ont avec les individus des environs de Paris sont trop légères pour qu'on puisse y reconnaître deux espèces ; l'individu que j'ai vu du premier endroit est plus gros, les côtes sont plus arrondies, par conséquent l'espace entre les côtes est moins grand, etc., que dans ceux du bassin de Paris.

L. De Castel-Gomberto dans les *Monte-Grumi,* dans le Vicentin.

(Coll. Maraschini.)

V. ? Lauræ. A.Br.... (pl. V, f. 3, a. b.)

*Suborbiculata aut subtrigona, crassa et convexa, costis nodosis, versùs margi-
nem imbricato-squamosis.*

N'ayant pas vu la charnière, je l'ai présumée de ce genre par la forme
et les particularités extérieures.

Cette espèce a beaucoup de ressemblance avec une de celles des collines
subapennines.

L. De Sangonini, dans le Vicentin.

(Coll. Maraschini.)

CORBIS?

C. Aglauræ. A.Br.... (pl. V, f. 5, a. b.)

*Transversim ferè elliptica, ventricosa, cancellata, lamellis transversis crebris ad
latera plicato-crispis, serratis.*

Je n'ai pas vu la charnière de cette coquille ; c'est donc par sa ressemblance
extérieure avec le *Corbis potunculus*, qui est si frappante qu'il faut y regarder avec attention pour la distinguer, que je la rapporte à ce genre. Les
lames et stries sont disposées de la même manière, et crépues aux deux
extrémités dans l'une comme dans l'autre, quoique M. de Lamarck n'indique cette particularité que pour l'extrémité postérieure; mais c'est la forme
qui l'en distingue; les Corbis sont généralement plus équilatérales, et c'est
aussi ce caractère (que la figure rend mieux qu'une description) qui distingue
ce *Corbis* du *lamellosa* et de deux autres espèces du Piémont et de Bracheux près de Beauvais, qui ne sont pas décrites. Cependant le *Corbis*
de Bracheux se rapproche assez du *C. Aglauræ*, même par ce caractère
tiré de la forme.

L. De Castel-Gomberto dans les *Monte-Grumi*.

(Coll. Maraschini.)

CYTHEREA.

C. Erycinoides. Lam. *An. sans vert.*, t. V, p. 581, n° 1. — (Pl. V, fig. 4.)

Cette coquille, qui se trouve dans la colline de Turin, près de Bordeaux,
et près de Dax, établit ainsi l'analogie géologique de ces terrains. La figure
a été faite d'après un individu de Bordeaux.

VÉNUS.

V ? Proserpina. A.Ba....(pl. V, fig. 7, a, b.)

Subcordata, subæquilateralis, ano et pube obtusis, natibus subrectis, striis transversis subtilibus sed distinctis.

C'est d'après la forme extérieure, et la disposition des stries que je rapporte cette coquille aux Vénus; mais je n'ai aucune preuve qu'elle soit de ce genre, et le peu de netteté de ces parties qu'on nomme la lunule et le corcelet (*ano et pube*) semblerait s'en éloigner.

L. Ronca, etc.

V ? Maura. A.Ba.... (pl. V. fig. 11, a. b.)

Subcordata, inæquilateralis, natibus incurvis, striis transversis subtilibus.

Elle ressemble entièrement, quant aux stries, à la précédente; mais elle en diffère essentiellement par la forme. Cette forme qui la distingue également des Cyclades, dont elle offre l'apparence, la rapproche beaucoup d'une Vénus de même grosseur, striée de même, qui vient des côtes de Bretagne, près Quimper, et que je n'ai pu encore déterminer.

L. Les échantillons que je connais sont noirs et viennent de Ronca.

MACTRA.

M ? crebea. A.Ba..... (pl. V. fig. 8. a. b.)

Transversa, subtriangularis, longitudinaliter sulcata, vulvâ elevatâ subcarinatâ.

Quoique cette espèce de coquille soit assez commune, je n'ai pu voir la charnière; je ne puis donc assurer que ce soit une Mactre. Quelques caractères de forme semblent même l'en éloigner, tels que l'élévation en forme de carène, du corcelet. La figure a été faite sur un individu qui probablement avait été aplati par la compression, car j'en ai vu ensuite de beaucoup plus bombés.

L. Ronca.

M ? Sirena. A.Ba.... (pl. V. fig. 10. a. b. c.)

Subtrigona, longitudinaliter sulcata, vulvâ depressâ, umbonibus anterius et posterius in carinâ obtusâ desinentibus.

Cette coquille ressemble beaucoup extérieurement au *Mactra glabrata* de LINN. J'en ai vu une valve séparée, et par conséquent la charnière qui pré

11

sentait , mais d'une manière peu nette . les trois dents divergentes qui caractérisent ce genre, mais point la fossette triangulaire qui appartient aux Mactres
bien déterminées.

Cette espèce ressemble beaucoup à la précédente. Elle en diffère essentiellement parce que le corcelet au lieu d'être élevé en carène , est au con
traire comme caché et enfoncé dans une dépression dont les bords assez
saillans partent des crochets.

L. Ronca.

CYPRICARDIA, *Lamarck.*

C. Cyclopea. A.Br ... (pl. V. fig. 12. *a. b. c.*)

*Oblonga, subrectangularis, anticè dilatata, longitudinaliter sulcata, sulcis irre-
gularibus, margini parallelis.*

Je n'ai pas pu voir la charnière de cette coquille quoique j'en aie eu plusieurs
individus; mais elle ressemble tellement au *Chama coralliophaga* de Brocchi
(vol. II, tav. XIII, fig. 10.) qu'on ne peut y trouver des différences spécifiques appréciables. Je ne doute donc pas qu'elle appartienne au même genre.

Mais ce Cypricarde et celui de Chaumont, qui ne paraît pas en différer, est-
il bien le *Cyp. coralliophaga* figuré dans l'Encyclopédie, pl. 234, fig. 5. C'est
ce dont on peut douter, du moins autant qu'on puisse en juger par cette figure.

Ces incertitudes et surtout quelques différences de formes m'ont engagé à
désigner cette espèce par un nom particulier.

L. La figure *a.* est faite d'après un individu de Ronca ; les figures *b. c.*
sont faites d'après des individus de Chaumont.

PSAMMOBIA.

P ? pudica. A.Br.... (pl. V, fig. 9, *a. b.*)

Oblonga, subrectangularis, umbonibus ferè in medio, striis transversis.

C'est la forme oblongue et très-comprimée de cette coquille, la particularité d'avoir ses valves bâillantes, et ses crochets presque au milieu de la
coquille, qui établissent seulement sa place présumée dans le genre Psammo-
bie ; car on n'a pas vu la charnière.

L. Val-Sangonini.

(Collection Maraschini.)

Une espèce parfaitement semblable à celle-ci, surtout par la dépression
qu'on voit dans la partie moyenne de chaque valve , est très-abondante dans
le val d'Andone près d'Asti. Je n'ai point pu la trouver décrite dans l'ouvrage
de M. Brocchi.

CASSIDULUS. *Lam.*

C. testudinarius. A.Br.... (pl. V, fig. 15, *a. b. c.*)

Ovato-subpentagonus, convexus, ambulacris quinis, ovato-elongatis radiantibus, centro stellæ in parte anteriori, ano supra marginem, in sulco; tuberculis nume-rosis subæqualibus.

Ce cassidule ressemble tellement à celui qu'on nomme *lapis-cancri*, que je doute encore que ce soit une espèce bien distincte. Les différences les plus importantes résultent de la forme et de la position excentrique du milieu de l'étoile des ambulacres.

L. Ronca.

TURBINOLIA. *Lam.*

T. sinuosa. A.Br.... (pl. VI, fig. 17, *a. b.*)

Cuneata, exteriùs sulcis numerosis, muticis exarata, stellâ oblongâ, in medio coarctatâ, lamellis tenuissimis, simplicibus, subtilissimè serratis.

L. Banyul-des-Aspres, dans les Pyrénées orientales.

T. appendiculata. A.Br.... (pl. V, fig. 17, *a. b.*)

Compresso-cuneata, marginibus extensis, erosis; lineis longitudinalibus elevatis in utrâque facie tribus aut quatuor, stellâ ovato-oblongâ, lamellis paucis, distan-tibus, inæqualibus.

Ce polypier paraîtrait appartenir aux Caryophillies, parce qu'il semble avoir été adhérent par son extrémité allongée et comme tronquée. Il est probable qu'il a été en effet adhérent, mais dans son jeune âge, et que c'est le cas de beaucoup de Turbinolies qui offrent cette même disposition ; circonstance qui apporte beaucoup de difficultés pour distinguer ces deux genres.

La Turbinolie appendiculée est remarquable par les expansions de ses deux arêtes ; expansions qui sont à bords irréguliers et comme rongés. Elle se rapproche par cette disposition d'une grande espèce de Turbinolie des collines subapennines près de Castel-Arquato, qui est six fois plus grande que celle du Vicentin, et un peu plus courte.

L. du val Sangonini.

(Collection Maraschini.)

ASTRÆA.

A. funesta. A.Ba.... (pl. V, fig. 16.) (1)

Incrustans, stellis contiguis, subpentagonis, patulis, margine acutis; lamellis serrulatis ; centro impresso.

Il n'est pas possible d'assurer que cette espèce n'est pas une de celles qui ont été décrites. On ne peut la présumer inédite qu'en raison du petit nombre d'espèces fossiles que les auteurs systématiques ont fait connaître ; mais tant qu'on n'aura pas une monographie des polypiers pierreux accompagnée de figures très-exactes, il sera, nous osons le dire, impossible de déterminer aucune espèce avec certitude.

Ce qui m'a engagé à désigner et dénommer cette Astrée, c'est premièrement pour faire remarquer qu'elle ressemble beaucoup plus aux espèces fossiles de Grignon et de Dax, qu'à celles du Jura ; secondement, pour appliquer à une espèce désignée spécifiquement ce que j'ai dit dans la première partie sur l'adhérence de ce polypier à des cailloux de Basanite, qui font partie du terrain de Ronca.

(1) Cette figure est imparfaite, par la manière dont elle est ombrée. Elle fait croire que les étoiles sont en saillie, et que les bords de séparation sont en creux, ce qui est le contraire. La dentelure des lames n'est pas assez sentie.

FIN.

EXPLICATION DES PLANCHES.

PLANCHE I.

Coupes spéciales et théorique des terrains calcaréo-trappéens.

Fig. 1. Le Val-Néra.
2. Le Val-Ronca.
4. Monte-Viale.
5. Mone-Bolca.

PLANCHE II.

1. Bulla Fortisii. AB.
2. *a. b.* Helix domnata. AB.
3. « Turbo Asmodei. AB.
4. *a. b.* Turritella incisa. AB.
5. *a. b.* Monodonta Cerberi. AB.
6. *a. b.* Trochus Lucasianus. AB.
7. *a. b.* Turbo, Scobina. AB.
8. Turritella Archimedis. AB.
9. Turr. asperula. AB.
10. Melania Stygii. AB.
11. Trochus Boscianus. AB.
12. *a. b.* Solarium umbrosum. AB.
13. *a. b.* Nerita Acherontis. AB.
14. *a. b.* Ner. Caronis. AB.
15. *a. b.* Terebellum obvolutum. AB.
16. *a. b.* Ampullaria Vulcani. AB.
17. *a. b.* Ampullaria perusta. Defr.
18. Melania costellata. Lam. Var. Roncana. AB.
19. *a. b.* Ampullaria obesa. AB.
20. *a. b.* Amp. Cochlearia. AB.
21. *a. b.* Marginella Phaseolus. Lam.
22. *a. b. c.* Nerita conoidea. Lam.

PLANCHE III.

1. *a. b.* Conus deperditus. Brocc.
2. » Conus Noe. AB.
3. » Conus alsiosus. AB.

Fig. 4. » Oliva Picholina. AB.
5. » Voluta subspinosa. AB.
6. *a. b.* Voluta affinis. Brocchi.
7. *a. b.* Cassis Thesei. AB.
8. *a. b.* Cassis Eneæ. AB.
9. » Cassis striata. Sow.
10. » Nassa Caronis. AB.
11. » Terebra Vulcanie AB.
12. » Cerithium undosum. AB.
13. » Melania elongata. AB.
14. *a. b.* Cerithium multisulcatum. AB.
15. » Cer. calcaratum. AB.
16. » Cer. bilcalcaratum. AB.
17. » Cer. ombustum. Defr.
18. » Cer. ampullosum. AB.
19. » Cer. Maraschini. AB.
20. » Cer. Castellini. AB.
21. *a. b.* Cer. Stroppus. AB.
22. » Cer. baccatum. Defr.
23. *a. b.* Cer. sulcatum. Brug. Var. Roncanum.
24. » Cer. lemniscatum. AB.
25. » Cer. corrugatum. AB.

PLANCHE IV.

Fig. 1. *a. b. c.* Trochus cumulans. AB.
2. *a. b.* Rostellarit Pescarbonis. AB.
3. *a.* Fusus polygonus. Lam.
b. Fusus polygonus. Var. Roncanus. AB.
4. *a. b.* Fusus polygonatus. AB.
5. *a. b.* Trochus carinatus. Bors.
6. » Turritella cathedratus. AB.
7. *a. b.* Strombus Fortisii. AB.
8. Rostellaria corvina. AB.

Fig. 9. Pteroceus Radix. AB.
10. *a. b.* Cyprea. annullaria. AB.
11. *a. b.* Cyprea lyncoides. AB.
12. Anolax inflata. Borson.

PLANCHE V.

1. *a. b. c.* Spondylus cisalpinus. AB.
2. *a. b.* Cardita Arduini. AB.
3. *a. b.* Venericardia Lauræ. AB.
4. *a. b.* Cytherea erycinoïdes. Lam.
5. *a. b.* Corbis Aglauræ. AB.
6. Mytilus corrugatus. AB.
7. *a. b.* Venus ? Proserpina. AB.
8. *a. b.* Mactra ? Erebea. AB.
9. *a. b.* Psammobia ? Pudica. AB.
10. *a. b. c.* Mactra ? Sirena. AB.
11. *a. b.* Venus ? Maura. AB.
12. *a. b. c.* Cypricardia cyclopæa. AB.
13. *a. b.* Cardium asperulum. Lam.
14. *a. b.* Area Pandoris. AB.
15. *a. b. c. d* Cassidulus ? Testudinarius. Desm.
16. Astrœa funesta. AB.
17. *a. b.* Turbinolia appendiculata.
AB.

PLANCHE VI.

Fig. 1. *a. b. c.* Fusus subcarinatus. Lam.
Var. Roncanus.
2. *a. b.* Turbo Amedei. AB.
3. *a. b.* Trochus Benettiæ. Sow.
4. *a. b. c.* Pyrula condita. AB.
5. Murex doliaris. Brocchi.
6. *a. b.* Strombus Bonelli. AB.
7. *a. b.* Ranella marginata. Brocc.
8. *a. b.* Nassa semistriata. Borson.
9. *a. b.* Voluta citharella. AB.
10. Trochus excavatus. Schlot.
11. Cerithium margaritaceum ?
Brocc.
12. Cerith plicatum. Brocc.
Lam.
13. Mytilus Faujasii. AB.
14. Myt. Brardii. AB.
15. *a. b.* Pectuncutus pulvinatus.
Var. Pyrenaicus. AB.
16. *a. b.* Pectunculus pulvinatus.
Var. Taurinensis. AB.
17. *a. b.* Turbinolia sinuosa. AB.
18. *a. b.* Patella sulcata. Borson.
19. *a. b.* Cerithium Diaboli AB.

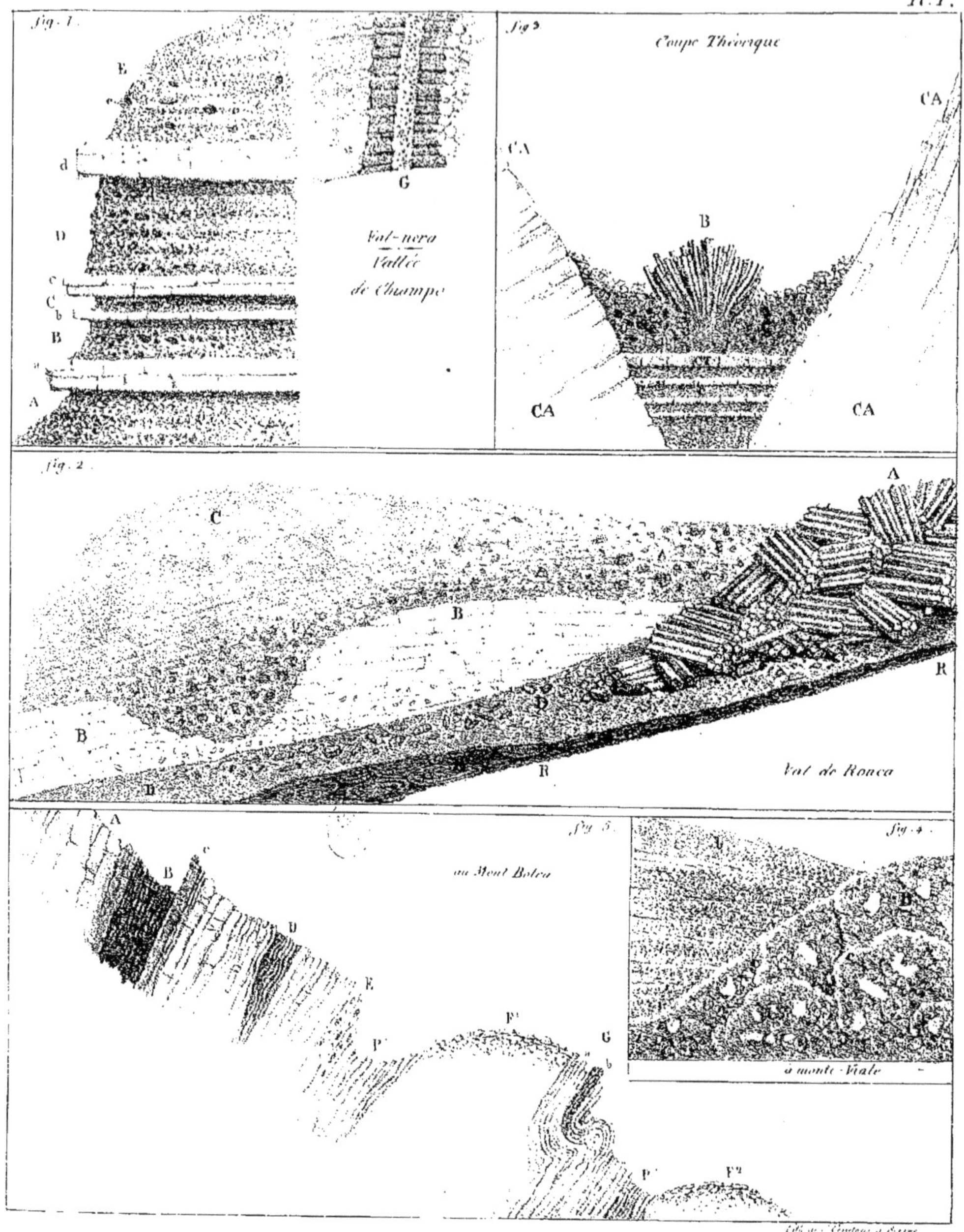

Terrains calcaire — Trappéens du Vicentin &c.

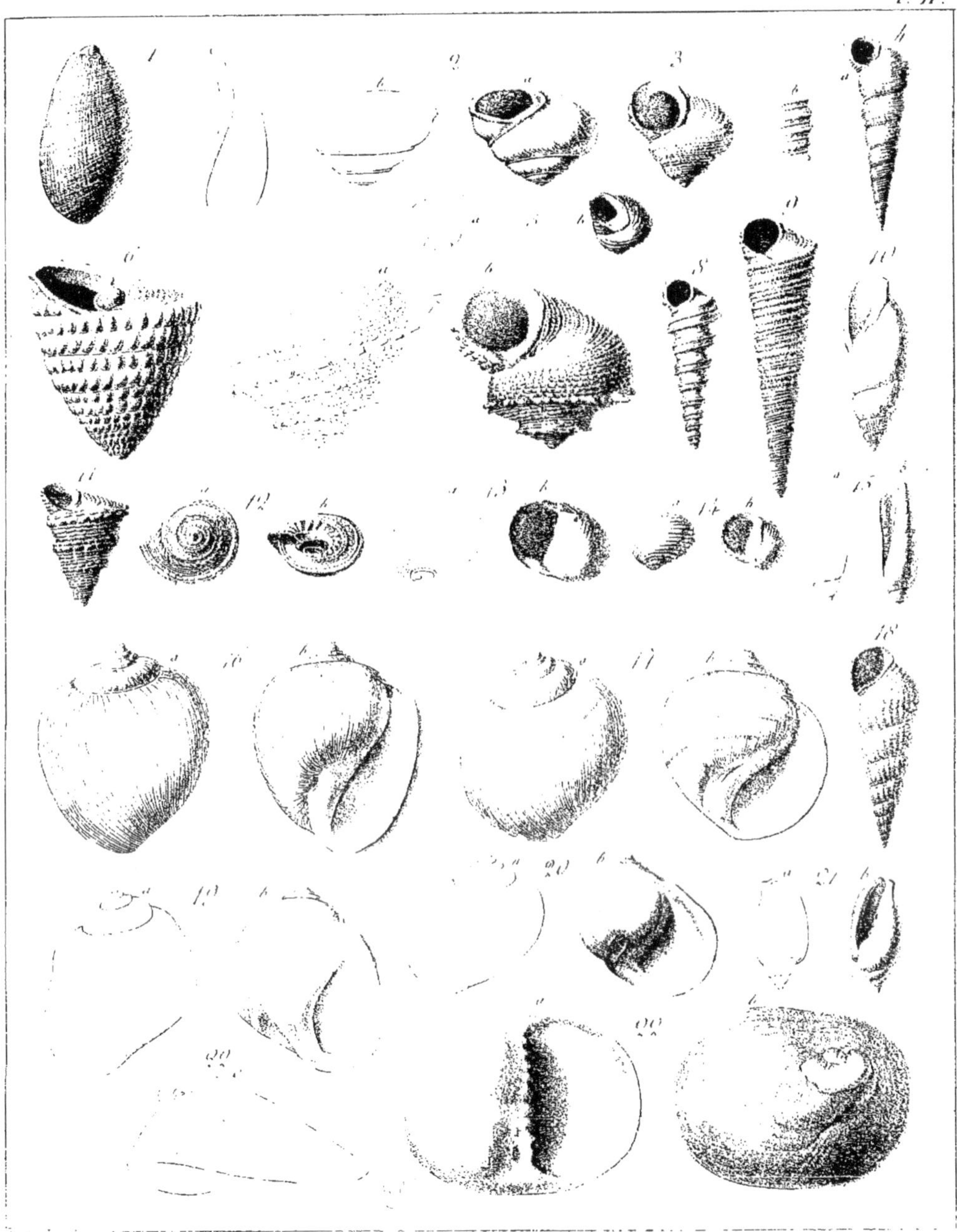

Coquilles Fossiles des Terrains Calcaires — Figures de la planche II.

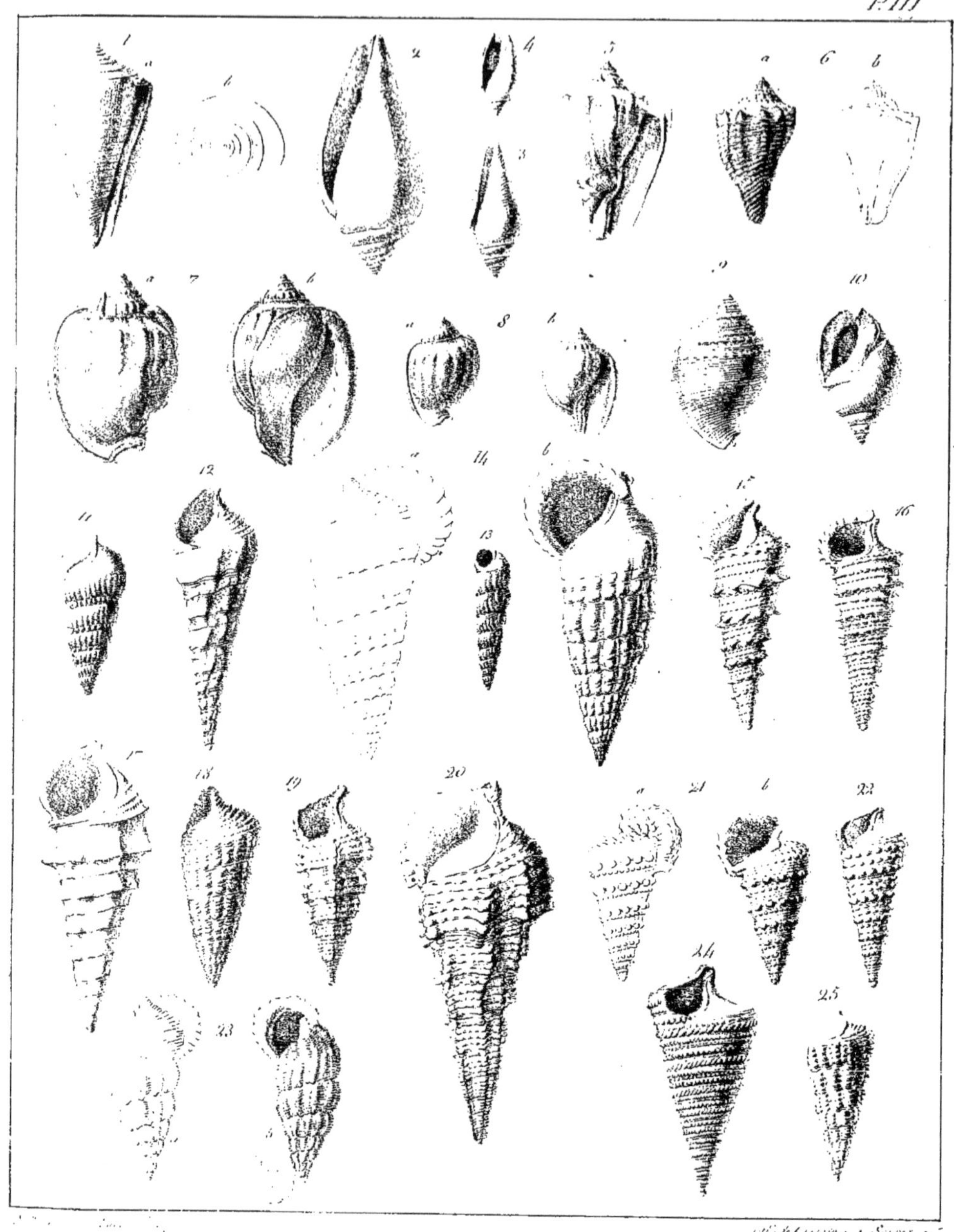

Coquilles Fossiles des Terrains Calcareo-Trappéens du Vicentin &c.

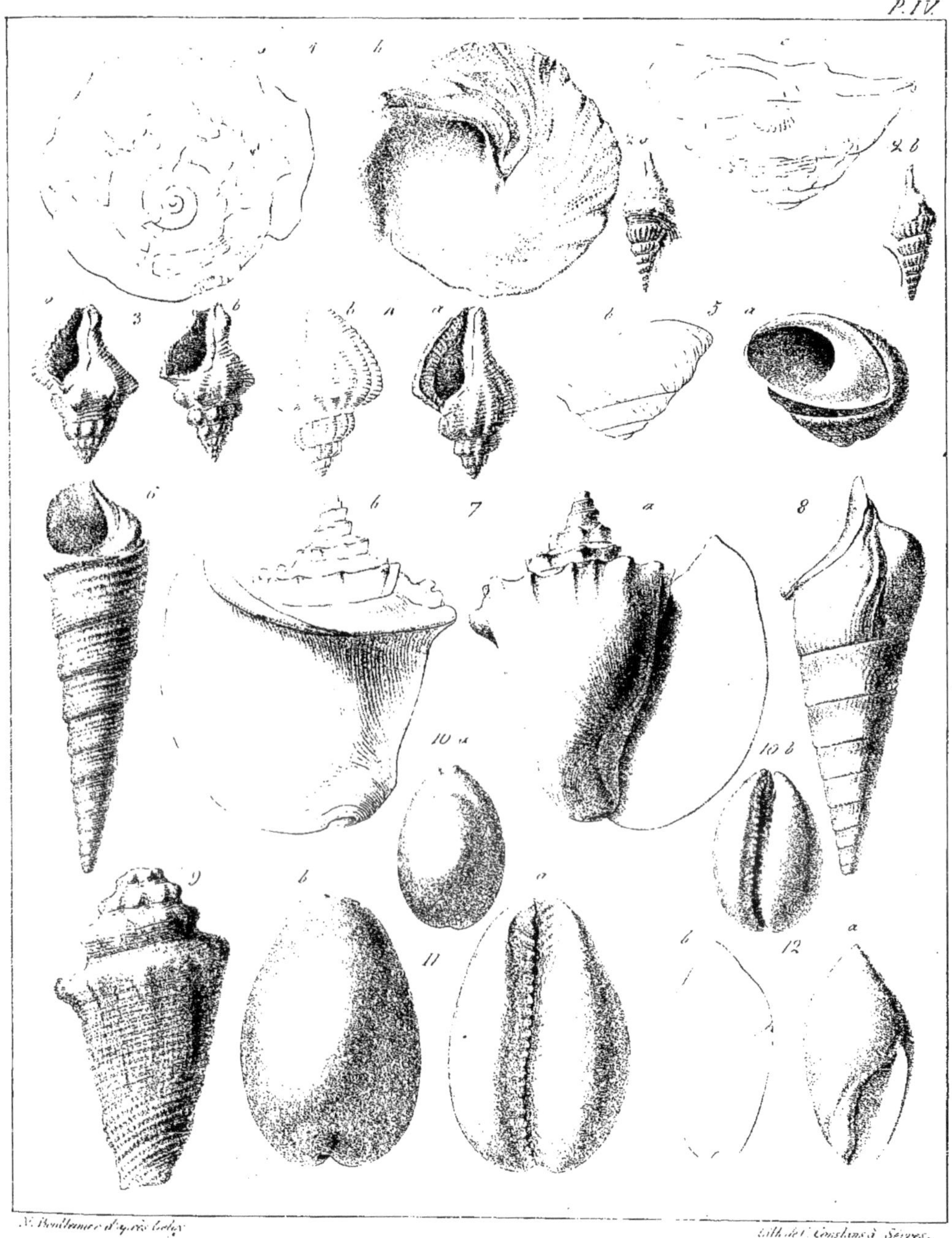

Coquilles Fossiles des Terrains Calcareo-Trappeens du Vicentin &c.

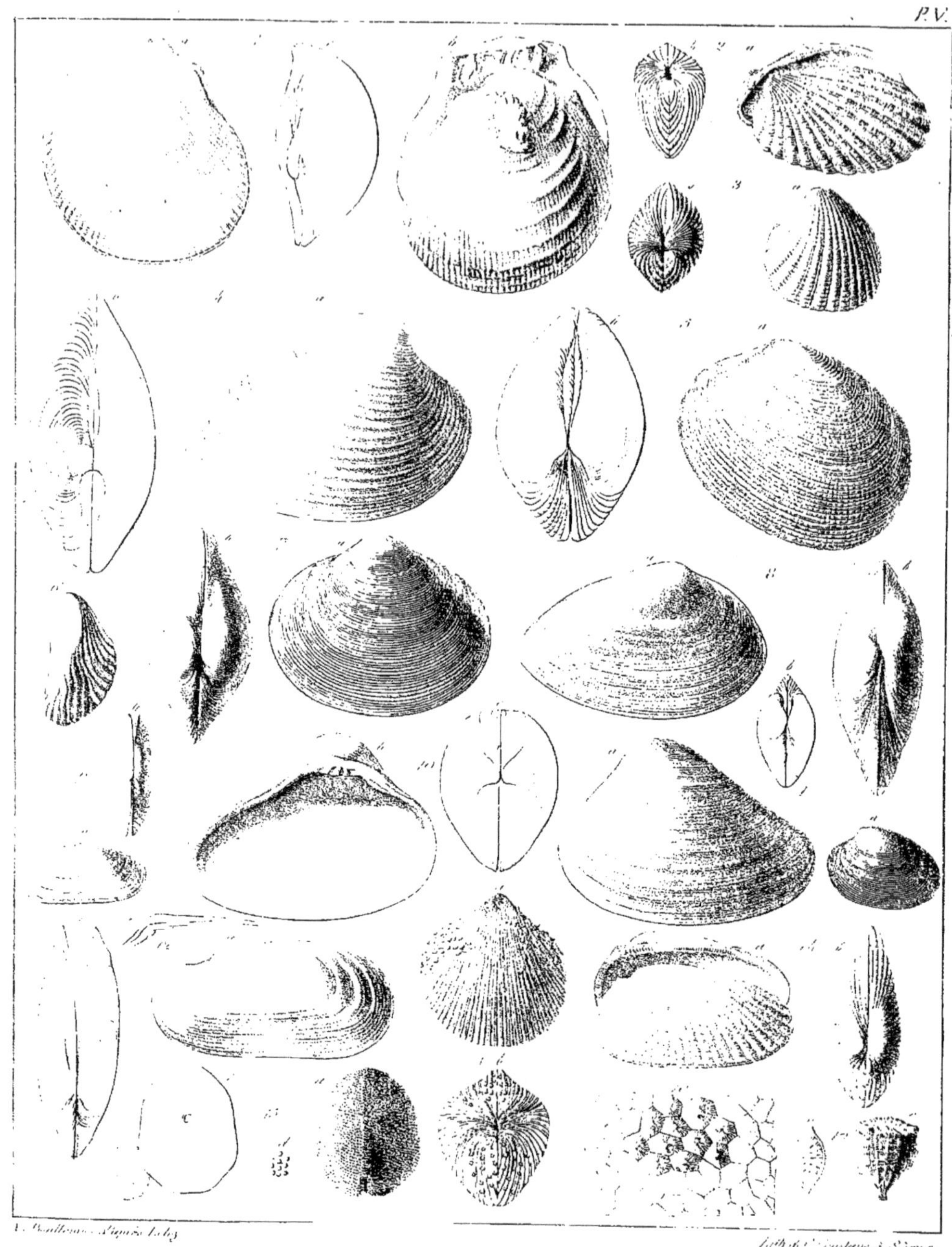

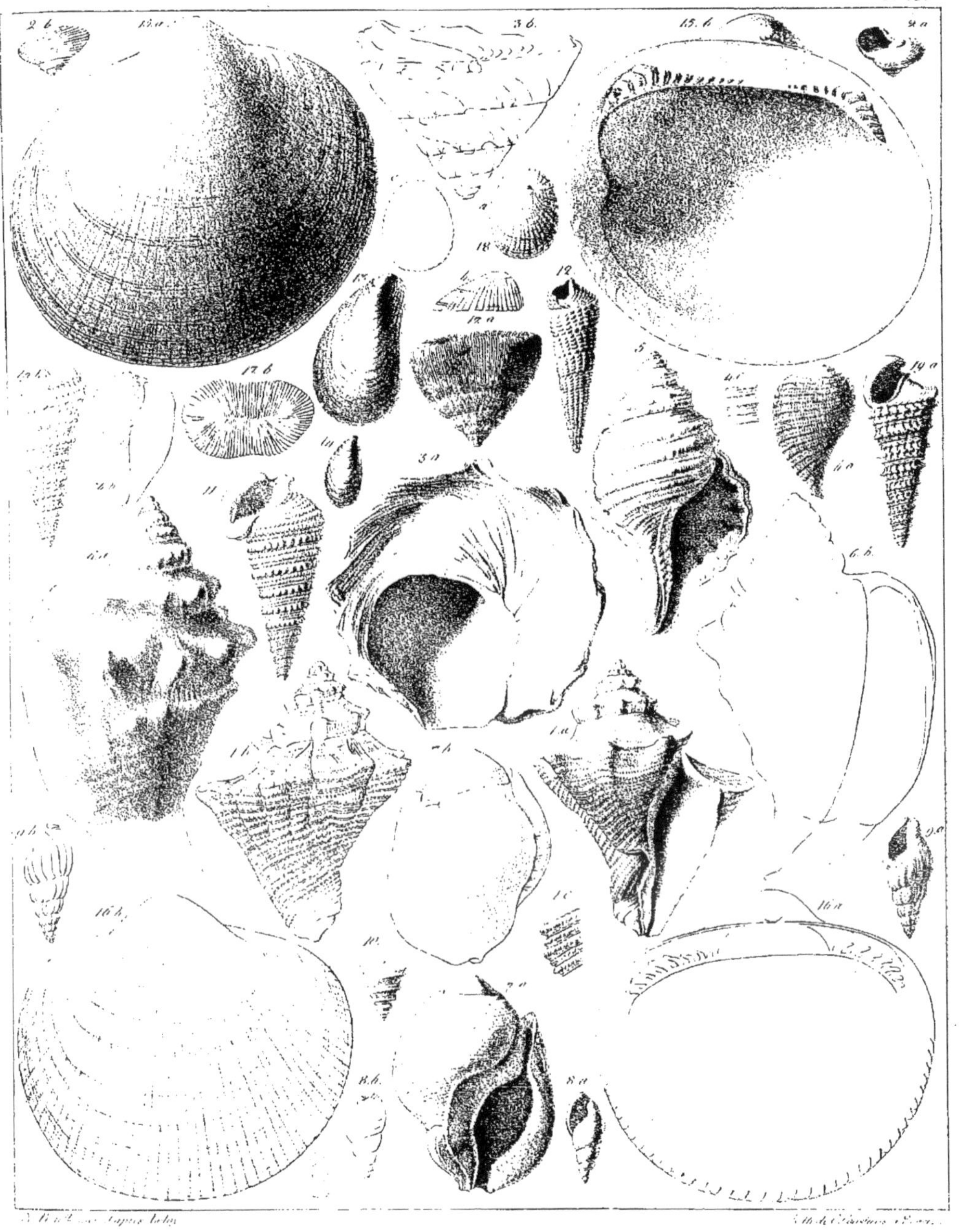
Coquilles exotiques Fossiles des Terrains de Sédiment Supérieurs.

9 782016 164631